東進

共通テスト実戦問題集
生物基礎

BASIC BIOLOGY

別冊 問題編
Question

JN113987

東進ブックス

東進

共通テスト実戦問題集
生物基礎

問題編
Question

BASIC BIOLOGY

東進ハイスクール・東進衛星予備校 講師
緒方 隼平
OGATA Junpei

東進ブックス

目次

第1回 実戦問題（オリジナル問題）……………………………………………………… 3

第2回 実戦問題（オリジナル問題）……………………………………………………… 21

第3回 実戦問題（オリジナル問題）……………………………………………………… 43

第4回 実戦問題（オリジナル問題）……………………………………………………… 63

第5回 実戦問題（オリジナル問題）……………………………………………………… 85

巻末マークシート

東進 共通テスト実戦問題集

第 1 回

理 科 ① 〔生物基礎〕 $\left(\text{50点}\right)$

注 意 事 項

1 解答用紙に，正しく記入・マークされていない場合は，採点できないことがあります。特に，解答用紙の解答科目欄にマークされていない場合又は複数の科目にマークされている場合は，0点となります。

2 試験中に問題冊子の印刷不鮮明，ページの落丁・乱丁及び解答用紙の汚れ等に気付いた場合は，手を高く挙げて監督者に知らせなさい。

3 解答は，解答用紙の解答欄にマークしなさい。例えば，□10□と表示のある問いに対して③と解答する場合は，次の（例）のように**解答番号10の解答欄の③にマークしなさい**。

（例）

解答番号	解 答 欄
10	① ② ❸ ④ ⑤ ⑥ ⑦ ⑧ ⑨ ⑩ ⓐ ⓑ

4 問題冊子の余白等は適宜利用してよいが，どのページも切り離してはいけません。

5 **不正行為について**

① 不正行為に対しては厳正に対処します。

② 不正行為に見えるような行為が見受けられた場合は，監督者がカードを用いて注意します。

③ 不正行為を行った場合は，その時点で受験を取りやめさせ退室させます。

6 試験終了後，問題冊子は持ち帰りなさい。

生　物　基　礎

$$\left(\text{解答番号}\boxed{1}\sim\boxed{16}\right)$$

第１問　次の文章(A・B)を読み，後の問い(問１〜６)に答えよ。(配点　18)

A　生物は多種多様であるが，その共通性によっていくつかに分類すること
　ができる。図１は，６種の生物(大腸菌・酵母・ゾウリムシ・ユレモ・ミド
　リムシ・オオカナダモ)をある共通性に基づき二つのグループ(X・Y)に分
　類したものである。同じクラスのエツコさんとカオルさんは，図１の二つ
　のグループについて話した。

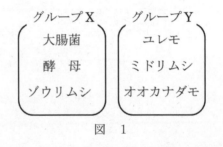

図　１

エツコ：グループXとグループYは何を基準に分類しているのかな。

カオル：原核生物か真核生物かどうかじゃないかな。

エツコ：両方のグループに原核生物と真核生物が混ざっているから，それは
　　　　違うよ。

カオル：生物の分類はまぎらわしくてなかなか覚えられないや。エツコは何
　　　　だと思う。

エツコ：　ア　　かどうかだと思うよ。

カオル：なるほど。そう考えると，二つのグループをきちんと分類できるね。

エツコ：もし，原核生物をグループZ，真核生物をグループWと分類した場

合，グループ W には 6 種の生物のうち　イ　種が含まれるね。

カオル：うん。同じ 6 種の生物でも，見方によってさまざまな分類ができる
　　　　んだね。

問1　会話文中の　ア　・　イ　に入る語句や数値の組合せとして最
　　も適当なものを，次の ① ～ ⑥ のうちから一つ選べ。　1

	ア	イ
①	細胞内部に葉緑体をもつ	2
②	光合成を行う	2
③	細胞内部に葉緑体をもつ	3
④	光合成を行う	3
⑤	細胞内部に葉緑体をもつ	4
⑥	光合成を行う	4

問2　次の記述ⓐ～ⓓのうち，グループ Z に含まれる生物はどれか。その組
　　合せとして最も適当なものを，後の ① ～ ⓪ のうちから一つ選べ。
　　2

ⓐ　イシクラゲ　　　　　ⓑ　亜硝酸菌

ⓒ　アゾトバクター　　　ⓓ　イトミミズ

① ⓐ　　　　　② ⓑ　　　　　③ ⓒ

④ ⓓ　　　　　⑤ ⓐ, ⓑ　　　⑥ ⓐ, ⓒ

⑦ ⓐ, ⓓ　　　⑧ ⓑ, ⓒ　　　⑨ ⓐ, ⓑ, ⓒ

⓪ ⓐ, ⓒ, ⓓ

問 3　図 1 の 6 種の生物は，ある基準によってオオカナダモとそれ以外の 5 種の生物に分類することができる。6 種の生物のうち，オオカナダモにのみ見られる特徴として最も適当なものを，次の **①** ～ **⑤** のうちから一つ選べ。　　3

①　細胞内部にミトコンドリアをもつ。

②　細胞壁をもつ。

③　多細胞生物である。

④　生命活動のエネルギーとして ATP を利用する。

⑤　遺伝子の本体として DNA をもつ。

B　生物が自らを形成・維持するのに必要な最小限の遺伝情報は_(a)ゲノムと
呼ばれる。_(b)いろいろな生物のゲノムの大きさ（塩基対）と遺伝子数を調べ
たところ，表1のようになった。

表　1

生物名	ゲノムの大きさ（塩基対）	遺伝子数
大腸菌	460万	4500
シロイヌナズナ	1億3000万	2万7000
ヒ　ト	30億	2万

問4　下線部(a)について，ヒトゲノムについて説明した次の文章中の
　ウ　～　カ　に入る語句や数値の組合せとして最も適当なもの
を，後の①～⑧のうちから一つ選べ。　4

　　通常，1個の　ウ　細胞には大きさと形が同じ染色体が2本ずつ
ある。この対になる染色体は相同染色体と呼ばれる。それぞれの相同染
色体は父親または母親に由来することから，ヒトの　ウ　細胞には
　エ　対の相同染色体が含まれる。このうち，　オ　細胞内の
　カ　本の染色体に含まれるすべての遺伝情報をヒトゲノムという。

	ウ	エ	オ	カ
①	体	23	生 殖	23
②	体	23	生 殖	46
③	体	46	生 殖	23
④	体	46	生 殖	46
⑤	生 殖	23	体	23
⑥	生 殖	23	体	46
⑦	生 殖	46	体	23
⑧	生 殖	46	体	46

問5 下線部(b)について，次の記述ⓔ～ⓖのうち，表1から導かれる考察
を過不足なく含むものを，後の①～⑦のうちから一つ選べ。ただし，
100万塩基対のDNA中に存在する遺伝子数を，ゲノム中の遺伝子密度と
する。 5

ⓔ ゲノムの大きさと遺伝子数は比例する。

ⓕ 遺伝子密度が最も大きいのは，大腸菌である。

ⓖ 生物のからだが大きくなるにつれて，遺伝子数が増加する。

① ⓔ   ② ⓕ   ③ ⓖ

④ ⓔ，ⓕ   ⑤ ⓔ，ⓖ   ⑥ ⓕ，ⓖ

⑦ ⓔ，ⓕ，ⓖ

問6 からだを構成する細胞とゲノムについて説明した次の文章中の キ ・ ク に入る語句や文の組合せとして最も適当なものを, 後の ① ～ ④ のうちから一つ選べ。 6

多細胞生物は, 1個の受精卵が体細胞分裂をくりかえしてできた多数の細胞からなり, 細胞ごとに特定の形態や機能をもつことが知られている。これは, 多細胞生物を構成する各体細胞が キ ゲノムをもっており, それぞれの細胞で ク ためである。

	キ	ク
①	同 じ	ゲノム内のすべての遺伝子が発現している
②	同 じ	発現する遺伝子が異なる
③	異なる	ゲノム内のすべての遺伝子が発現している
④	異なる	発現する遺伝子が異なる

第２問 次の文章（**A・B**）を読み，後の問い（**問１〜５**）に答えよ。（配点　16）

A 　体液中の酸素濃度や二酸化炭素濃度は，(a)自律神経系の働きによって一定の範囲内に保たれている。ヒトが駆け足のような激しい運動をした直後は，血液中の二酸化炭素濃度が増加する。これが(b)心臓の拍動中枢に感知され，心臓のペースメーカーに分布する交感神経が働くと，心臓の拍動数が増加する。

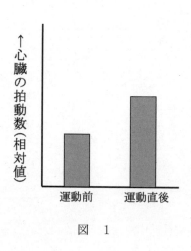

図　　１

問1　下線部(a)について，次の記述ⓐ～ⓓのうち，自律神経系の働きに関する正しい記述はどれか。その組合せとして最も適当なものを，後の ① ～ ⓪ のうちから一つ選べ。　$\boxed{7}$

　　ⓐ　排尿は，交感神経の働きにより促進される。

　　ⓑ　胃や腸のぜん動は，交感神経の働きにより促進される。

　　ⓒ　気管支は，副交感神経の働きにより収縮する。

　　ⓓ　皮膚の血管は，副交感神経の働きにより収縮する。

① ⓐ　　　　　② ⓑ　　　　　③ ⓒ

④ ⓓ　　　　　⑤ ⓐ, ⓑ　　　⑥ ⓐ, ⓒ

⑦ ⓐ, ⓒ, ⓓ　⑧ ⓑ, ⓓ　　　⑨ ⓑ, ⓒ, ⓓ

⓪ ⓒ, ⓓ

問2　下線部(b)について，次の記述ⓔ・ⓕのうち，心臓の拍動中枢はどれか。また，後に示した心臓の模式図中のⅠ～Ⅳのうち，ペースメーカーの位置を正しく示しているものはどれか。その組合せとして最も適当なものを，後の ① ～ ⑧ のうちから一つ選べ。ただし，心臓の模式図中の●はペースメーカーの位置を示している。　$\boxed{8}$

心臓の拍動中枢

ⓔ　間脳　　　ⓕ　延髄

ペースメーカーの位置

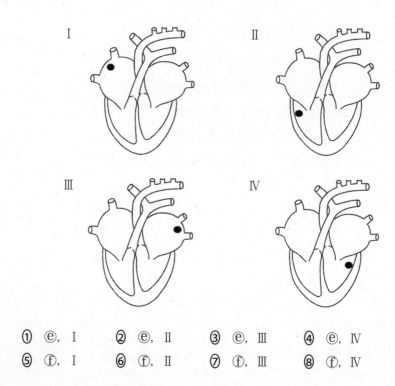

① ⓔ, I　　② ⓔ, II　　③ ⓔ, III　　④ ⓔ, IV

⑤ ⓕ, I　　⑥ ⓕ, II　　⑦ ⓕ, III　　⑧ ⓕ, IV

B ソウマさんとスズカさんは，父の「今日はキュウカンビだ」という発言
を聞き，肝臓の働きについて話し合った。

スズカ：「キュウカンビ」ってどういう意味？

ソウマ：お酒を飲まずに肝臓を休める日のことだよ。肝臓はアルコールを分
解する働きをもつから，お酒を飲むほど肝臓に負担がかかるんだ。
負担がかかりすぎると，肝臓の機能が低下してしまうことがあるん
だよ。

スズカ：なるほど。日常的にお酒を飲んでいると，常に肝臓に負担がかかる
から，たまにはお酒を控えて肝臓を休ませなければならないんだね。

ソウマ：うん。ちなみに，小腸から出る静脈は(c)肝門脈に合流して肝臓に流
れ込むんだ。肝門脈を流れる血液には小腸で吸収された物質が多く
含まれているから，肝臓では摂取したアルコールを効率よく分解す
ることができるんだよ。

スズカ：ヒトの体ってよくできているね。ところで，肝臓には他にどんな働
きがあるのかな。

ソウマ：　　ア　　など，いろいろな働きがあるよ。

スズカ：(d)肝臓ってすごく大切な臓器だね。お父さんに，お酒の飲み過ぎに
気をつけるように伝えよう。

問3　下線部(c)に関連して，肝門脈には静脈血が流れる。次の記述⑧〜
　　　　①のうち，ヒトの体内において静脈血が流れる血管はどれか。それを過
　　　　不足なく含むものを，後の①〜⑦のうちから一つ選べ。　| 9 |

　⑧　腎静脈　　　　　　　ⓗ　肺静脈　　　　　　　①　中心静脈

　① ⑧　　　　② ⓗ　　　　③ ①　　　　④ ⑧, ⓗ
　⑤ ⑧, ①　　⑥ ⓗ, ①　　⑦ ⑧, ⓗ, ①

問4　会話文中の　| ア |　に入る文として**誤っているもの**を，次の①〜⑤
　　　　のうちから一つ選べ。　| 10 |

　①　古くなった赤血球を破壊する
　②　血糖濃度が低下したときに，グリコーゲンを合成する
　③　発熱源となって体温を調節する
　④　アミノ酸の分解により生じた有害なアンモニアを，毒性の低い尿素
　　　に変える
　⑤　胆汁を生成する

問5　下線部(d)に関連して，栄養の過剰摂取などにより，脂肪が肝臓にたまった状態を脂肪肝という。摂食時間と脂肪肝の関係を調べるために，実験1が行われた。後の ① ～ ④ のうち，実験1の結果から導かれる合理的な推論として誤っているものを一つ選べ。　　11

実験1　夜行性のラットの集団を，(i)通常の食事（通常食）を時間制限なく自由に摂食させるグループ，(ii)通常食を活動時間帯にのみ摂食させるグループ，(iii)通常食よりも糖を多く含んだ食事（砂糖食）を時間制限なく自由に摂食させるグループ，(iv)砂糖食を活動時間帯にのみ摂食させるグループの4つに分けた。それぞれのグループにおける肝臓当たりの脂肪重量を測定したところ，平均値は図2のようになった。

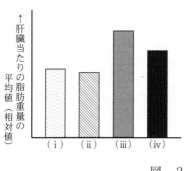

(i)通常食(時間制限なし)
(ii)通常食(時間制限あり)
(iii)砂糖食(時間制限なし)
(iv)砂糖食(時間制限あり)

図　2

① 通常食の場合，摂食時間の制限は脂肪肝への進行にあまり影響を与えない。

② 通常食よりも砂糖食の方が脂肪肝を引き起こしやすい。

③ 砂糖食における摂食時間の制限は，通常食における摂食時間の制限と同じくらい脂肪肝への進行を抑制する。

④ 砂糖食でも時間を制限して摂食することで，脂肪肝への進行を抑制できる。

第 3 問 次の文章（**A・B**）を読み，後の問い（**問1～5**）に答えよ。（配点 16）

A ある地域の植生が，長い年月の間に一定の方向に変化していくことを遷移という。ある島で1998年に実施された植生調査の結果をまとめたところ，以下のようになった。

結果1　1200年以前に噴出した溶岩上には，スダジイやタブノキなどが優占していた。

結果2　1962年に噴出した溶岩上には，(a)オオバヤシャブシが優占し，その樹高はさまざまな高さであった。

結果3　X年に噴出した溶岩上には，結果2と同様にオオバヤシャブシが優占していたが，樹高が低いもののみであった。

結果4　Y年に噴出した溶岩上には樹高の高いオオバヤシャブシが見られたが，オオシマザクラなどの陽樹と混在していた。

問1 下線部(a)に関して，オオバヤシャブシは遷移の初期段階で侵入する先駆種である。オオバヤシャブシについて説明した次の文章中の ア ～ ウ に入る語句の組合せとして最も適当なものを，後の①～⑧のうちから一つ選べ。 12

　オオバヤシャブシは，根に ア が共生している。 ア は イ 中の窒素を取り込んで ウ イオンの形に変え，オオバヤシャブシに供給している。このため，オオバヤシャブシは窒素などの栄養分が乏しい土壌でも生育することが可能である。

	ア	イ	ウ
①	窒素固定細菌	土 壌	アンモニウム
②	窒素固定細菌	土 壌	硝 酸
③	窒素固定細菌	空 気	アンモニウム
④	窒素固定細菌	空 気	硝 酸
⑤	硝酸菌	土 壌	アンモニウム
⑥	硝酸菌	土 壌	硝 酸
⑦	硝酸菌	空 気	アンモニウム
⑧	硝酸菌	空 気	硝 酸

問2　植生調査の結果1～4について説明した次の文章中の　エ　～　カ　に入る語句の組合せとして最も適当なものを，後の①～⑥のうちから一つ選べ。　13

　　結果1から，この島の極相に達した森林は　エ　であると考えられる。また，結果2～4から，X年は1962年よりも　オ　，Y年は1962年よりも　カ　であると考えられる。

	エ	オ	カ
①	夏緑樹林	前	後
②	夏緑樹林	後	前
③	照葉樹林	前	後
④	照葉樹林	後	前
⑤	硬葉樹林	前	後
⑥	硬葉樹林	後	前

 B　ある地域の植生とそこに生息する動物などを含めた生物のまとまりをバ
イオームという。(b)バイオームの種類と分布は，気温や降水量などの気候
的要素によって決定される。日本のある山岳地帯 X は(c)冬季の気温が非常
に低く，毎年大量の積雪がみられる。一部の積雪中にはある種の藻類が生
育しており，緑藻類が生育する雪は緑色（緑雪），黄金藻類が生息する雪は
黄色（黄雪）になる。この山岳地帯 X におけるバイオームを調べるために，
実験1・実験2を行った。

実験1　山岳地帯 X において，積雪を採取して積雪中に含まれる生物を
　　　顕微鏡で調べたところ，クマムシが多数含まれていた。

実験2　実験1と同じ場所で雪を色ごとに採取し，緑雪，黄雪に含まれる
　　　雪1L あたりのクマムシの個体数をそれぞれ調べたところ，図1のよう
　　　になった。

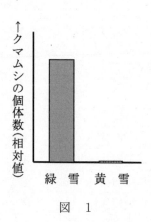

図　1

問3　下線部(b)に関連して，陸上のバイオームに関する記述として最も適当なものを，次の ① 〜 ④ のうちから一つ選べ。　14

① 年降水量が 1000mm の地域では，年平均気温に関係なく森林が成立する。

② 日本のバイオームの分布は，主に年平均気温によって決まる。

③ 年平均気温が 0℃以下になると森林は成立しない。

④ 温帯において，夏季に降水量が少なく，冬季に降水量が多い地域には，夏緑樹林がみられる。

問4　下線部(c)に関連して，寒冷地に生息する動物について説明した次の文章中の　キ　〜　ケ　に入る語句の組合せとして最も適当なものを，後の ① 〜 ⑧ のうちから一つ選べ。　15

寒冷地に生息する一部の恒温動物は，からだが大型化している。これは，からだが大きくなるにつれて体積当たりの表面積が　キ　なり，放熱　ク　なることに起因する。同様に考えると，寒冷地に生息する一部の恒温動物の耳や尾などの　ケ　突出部は，寒冷な環境に適応した結果であると考えられる。

	キ	ク	ケ
①	大きく	しやすく	大きい
②	大きく	しやすく	小さい
③	大きく	しにくく	大きい
④	大きく	しにくく	小さい
⑤	小さく	しやすく	大きい
⑥	小さく	しやすく	小さい
⑦	小さく	しにくく	大きい
⑧	小さく	しにくく	小さい

問5　次の記述@〜@のうち，**実験1・実験2**から導かれる合理的な推論は
どれか。その組合せとして最も適当なものを，後の ① 〜 ⓪ のうちから
一つ選べ。なお，**実験1**で観察されたクマムシは主に藻類を捕食してい
ることが分かっている。また，調査地域の雪中にはクマムシが摂食する
のに十分な量の藻類が存在しているものとする。　| 16 |

@　クマムシは，黄金藻類よりも緑藻類を好んで摂食する。

ⓑ　クマムシは捕食した藻類を利用し，生産者として光合成を行うよう
になる。

ⓒ　調査地域におけるクマムシの栄養段階は，二次消費者である。

ⓓ　調査地域における藻類の現存量は，緑藻類よりも黄金藻類の方が大
きい。

① @　　　　　② ⓑ　　　　　③ ⓒ

④ ⓓ　　　　　⑤ @, ⓑ　　　　⑥ @, ⓒ

⑦ @, ⓓ　　　　⑧ ⓑ, ⓒ　　　　⑨ @, ⓑ, ⓒ

⓪ @, ⓒ, ⓓ

東進 共通テスト実戦問題集

第2回

理 科 ① 〔生 物 基 礎〕 (50点)

注 意 事 項

1 解答用紙に，正しく記入・マークされていない場合は，採点できないことがあります。特に，解答用紙の解答科目欄にマークされていない場合又は複数の科目にマークされている場合は，0点となります。

2 試験中に問題冊子の印刷不鮮明，ページの落丁・乱丁及び解答用紙の汚れ等に気付いた場合は，手を高く挙げて監督者に知らせなさい。

3 解答は，解答用紙の解答欄にマークしなさい。例えば， 10 と表示のある問いに対して③と解答する場合は，次の（例）のように**解答番号10の解答欄の③にマーク**しなさい。

（例）

解答番号	解 答 欄
10	① ② ❸ ④ ⑤ ⑥ ⑦ ⑧ ⑨ ⓪ ⓐ ⓑ

4 問題冊子の余白等は適宜利用してよいが，どのページも切り離してはいけません。

5 **不正行為について**

① 不正行為に対しては厳正に対処します。

② 不正行為に見えるような行為が見受けられた場合は，監督者がカードを用いて注意します。

③ 不正行為を行った場合は，その時点で受験を取りやめさせ退室させます。

6 試験終了後，問題冊子は持ち帰りなさい。

生 物 基 礎

$$\left(\text{解答番号}\boxed{1}\sim\boxed{17}\right)$$

第１問 次の文章（A・B）を読み，後の問い（問１〜７）に答えよ。（配点　19）

A　生体内で起こる化学反応を(a)代謝といい，代謝は酵素の働きによって円滑に進められている。酵素の働きについて調べるために，**実験１**を行った。

　実験１　過酸化水素水の入った試験管にニワトリの肝臓片を加えると，気泡が発生した。このとき，火のついた線香を試験管内に入れると，線香の火は激しく燃えた。

問１　下線部(a)に関連して，代謝に伴うエネルギーの受け渡しは，ATP によって行われている。ATP について説明した次の文章中の　**ア**　・　**イ**　に入る語句や文の組合せとして最も適当なものを，後の①〜⑥のうちから一つ選べ。　**1**

　塩基と糖とリン酸からなる物質をヌクレオチドといい，ATP はヌクレオチドの一種である。ATP に含まれる糖は　**ア**　であり，　**ア**　はDNA には含まれない。また，ATP に含まれる塩基はアデニンであり，アデニンは　**イ**　。

	ア	イ
①	リボース	DNA にも RNA にも含まれる
②	リボース	DNA には含まれるが RNA には含まれない
③	リボース	DNA には含まれないが RNA には含まれる
④	デオキシリボース	DNA にも RNA にも含まれる
⑤	デオキシリボース	DNA には含まれるが RNA には含まれない
⑥	デオキシリボース	DNA には含まれないが RNA には含まれる

問2　**実験1**について，この実験だけでは「ニワトリの肝臓片自体から気泡が発生した」という可能性を否定できないため，追加実験を計画した。このとき追加すべき実験とその結果として最も適当なものを，次の①～④のうちから一つ選べ。　2

① ニワトリの肝臓片の代わりに酸化マンガン(Ⅳ)を加え，気泡が発生することを確かめる。

② ニワトリの肝臓片の代わりに酸化マンガン(Ⅳ)を加え，気泡が発生しないことを確かめる。

③ 水の入った試験管にニワトリの肝臓片を加え，気泡が発生することを確かめる。

④ 水の入った試験管にニワトリの肝臓片を加え，気泡が発生しないことを確かめる。

問3　**実験**1について，気泡はしだいに減少して，やがて見られなくなった。このため，気泡の出なくなった試験管にある実験操作を行うことで，気泡を再び発生させる追加実験を計画した。次の記述ⓐ～ⓒのうち，再び気泡が発生するようになる実験操作はどれか。それを過不足なく含むものを，後の①～⑦のうちから一つ選べ。ただし，実験はすべて最適な温度条件下で行うものとする。　3

　ⓐ　ニワトリの肝臓片を加える。
　ⓑ　過酸化水素水を加える。
　ⓒ　酸化マンガン(Ⅳ)を加える。

① ⓐ　　　　　　　② ⓑ　　　　　　③ ⓒ
④ ⓐ, ⓑ　　　　　⑤ ⓐ, ⓒ　　　　⑥ ⓑ, ⓒ
⑦ ⓐ, ⓑ, ⓒ

B　同じ運動部のユスケさんとユミノさんは，部活後の帰り道において，体内に取り込んだタンパク質とアミノ酸の関係について話し合った。

ユミノ：あーのどが渇いた。ユスケは何を飲んでいるのかな。

ユスケ：プロテインだよ。顧問の先生から飲むように勧められたんだ。筋肉を構成する(b)タンパク質をつくる効果があると聞いたよ。でも，摂取したプロテインがどのような過程を経てタンパク質になるかは分からないや。

ユミノ：プロテインは消化器官でアミノ酸の形まで分解された後，　ウ　で吸収されるんだ。

ユスケ：吸収されたアミノ酸はその後どうなるのかな。

ユミノ：血流によって全身の細胞に運ばれて，各細胞に取り込まれるんだよ。(c)各細胞は取り込んだアミノ酸を遺伝情報に対応させて，それらを再結合して(d)新たにタンパク質を合成するんだ。

ユスケ：つまり，摂取したプロテインはアミノ酸の形で吸収された後，筋肉を構成するタンパク質などにつくり変えられるということだね。

ユミノ：吸収されたアミノ酸からタンパク質がつくり変えられる反応は，　エ　反応の一種だったよね。生物で学んだ知識が日常生活に紐づくと，理解が深まるね。

問4 会話文中の ウ ・ エ に入る語句の組合せとして最も適当なものを，後の①～④のうちから一つ選べ。 4

	ウ	エ
①	胃	同化
②	胃	異化
③	小腸	同化
④	小腸	異化

問5 下線部(b)について，ヒトのからだに含まれるタンパク質の働きとして**誤っているもの**を，次の①～④のうちから一つ選べ。 5

① リゾチームは細菌の細胞壁を分解する。

② フィブリンは抗原と特異的に結合する。

③ コラーゲンは組織や器官の構造を保持する。

④ ミオシンは筋肉の収縮に関わる。

問6 下線部(c)に関連して，細胞内での遺伝情報の流れについて説明した次の文章中の オ ～ キ に入る語句の組合せとして最も適当なものを，後の①～⑧のうちから一つ選べ。 6

　DNAの遺伝情報をもとにmRNAが合成され，さらにタンパク質が合成されることを遺伝子の オ という。遺伝情報はDNAからRNA，さらにRNAからタンパク質へと一方向に流れる。このような遺伝情報の流れに関する原則を カ という。遺伝子の オ の調節が細胞ごとに異なることを考慮すると，ヒトの場合，インスリン遺伝子のmRNAは キ に含まれると考えられる。

	オ	カ	キ
①	翻　訳	ホメオスタシス	すべての細胞
②	翻　訳	ホメオスタシス	すい臓のB細胞のみ
③	翻　訳	セントラルドグマ	すべての細胞
④	翻　訳	セントラルドグマ	すい臓のB細胞のみ
⑤	発　現	ホメオスタシス	すべての細胞
⑥	発　現	ホメオスタシス	すい臓のB細胞のみ
⑦	発　現	セントラルドグマ	すべての細胞
⑧	発　現	セントラルドグマ	すい臓のB細胞のみ

問7　下線部(d)に関連して,「AUGGCU」というmRNAの塩基配列からは,表1を参照すると,「メチオニン－アラニン」というアミノ酸配列が指定される。同じアミノ酸配列を指定するmRNAの塩基配列として,「AUGGCU」以外に何通りの塩基配列があるか。最も適当なものを,後の ① ～ ⑤ のうちから一つ選びなさい。ただし,左端の「A」がアミノ酸を指定する三つの並びの1番目の塩基とし,表1に示した塩基三つの並び以外でメチオニンおよびアラニンを指定するものは存在しないものとする。 **7** 通り

表　1

塩基三つの並び	アミノ酸
AUG	メチオニン
GCU, GCC, GCA, GCG	アラニン

① 3　　　　② 4　　　　③ 5
④ 8　　　　⑤ 12

第2問 次の文章（A・B）を読み，後の問い（**問1〜5**）に答えよ。（配点 16）

A ゴウさんは，生物基礎の確認テストの範囲である酸素解離曲線について，休み時間を利用してマリさんから教わっている。

ゴ　ウ：次の時間に確認テストがあることをすっかり忘れてた。この図について教えてもらっていいかな。

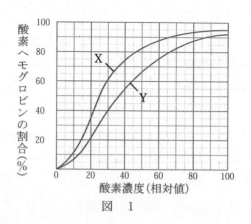

図　1

マ　リ：酸素解離曲線だね。酸素濃度と，すべての(a)ヘモグロビンに対する酸素ヘモグロビンの割合の関係を示すと，このような曲線になるんだよ。図1中の二つの曲線のうち，二酸化炭素濃度が高いときの曲線はどっちだと思う。

ゴ　ウ：もう少しヒントが欲しいな。

マ　リ：呼吸の反応について考えてみるといいよ。

ゴ　ウ：なるほど。呼吸では，酸素を消費して二酸化炭素を放出するよね。つまり，呼吸がさかんに行われると，血中の酸素濃度が低くなり，二酸化炭素濃度が高くなる。その結果，より多くの ア する はずだ。したがって，二酸化炭素濃度が高いときの曲線は イ じゃないかな。

マ　リ：その通り。では，ある動物の二酸化炭素濃度の低い肺胞の酸素濃度
　　　　を100，二酸化炭素濃度の高い組織の酸素濃度を30とすると，組織
　　　　では　　ウ　　ヘモグロビンの何％が酸素を解離したか分かるかな。
　　　　図を見て考えて。

ゴ　ウ：約58％になると思う。

マ　リ：正解！　お互いテスト頑張ろうね。

問1　下線部(a)に関連して，ヘモグロビンは呼吸色素とも呼ばれ，ヘモグ
　　　ロビンの多くが酸素と結合している血液は鮮紅色，あまり酸素と結合し
　　　ていない血液は暗赤色になる。次の記述@〜©のうち，暗赤色の血液が
　　　流れる血管を過不足なく含むものを，後の①〜⑦のうちから一つ選べ。
　　　　8

　　　@　肺動脈　　　　　ⓑ　鎖骨下静脈　　　　©　腎動脈

　　　①　@　　　　　　②　ⓑ　　　　　　③　©
　　　④　@, ⓑ　　　　⑤　@, ©　　　　⑥　ⓑ, ©
　　　⑦　@, ⓑ, ©

問2　会話文中の　ア　～　ウ　に入る文や語句の組合せとして最も適当なものを，次の①～⑧のうちから一つ選べ。　9

	ア	イ	ウ
①	酸素ヘモグロビンが酸素を解離	X	すべての
②	酸素ヘモグロビンが酸素を解離	X	酸　素
③	酸素ヘモグロビンが酸素を解離	Y	すべての
④	酸素ヘモグロビンが酸素を解離	Y	酸　素
⑤	ヘモグロビンが酸素と結合	X	すべての
⑥	ヘモグロビンが酸素と結合	X	酸　素
⑦	ヘモグロビンが酸素と結合	Y	すべての
⑧	ヘモグロビンが酸素と結合	Y	酸　素

問3 ヒトの場合，ヘモグロビンは出生の前後で種類が異なる。胎児ヘモグ
ロビン(HbF)と成人ヘモグロビン(HbA)の酸素解離曲線は図2のように
なる。仮に，成人がHbAではなくHbFをもっていた場合，正常なHbA
をもつ場合と比べて酸素の供給にどのような影響があると考えられるか。
最も適当なものを，後の ① ~ ④ のうちから一つ選べ。 | 10 |

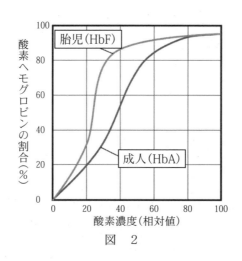

図 2

① 肺で酸素と結合しにくくなる。

② 肺で酸素と結合しやすくなる。

③ 組織へ酸素を供給しやすくなる。

④ 組織へ酸素を供給しにくくなる。

B　はしかなどの感染症に一度かかると二度目はかからないか，かかっても病状が軽くてすむことが知られている。これは，一度目の病原体の侵入時に，体内ではその病原体に対する記憶細胞が形成され，二度目以降の侵入時にはこれらの記憶細胞が働くことで，病原体を迅速に排除するためである。記憶細胞を形成するしくみは，(b)適応免疫にのみみられる。現在，これを応用し，弱毒化または無毒化した病原体やその一部を体内に注射することにより病気の予防に役立てている。この原理を確認するために，**実験1・実験2**を行った。ただし，実験で用いたマウスは免疫反応に異常はみられないものとし，このマウスは実験以前で抗原Xおよび抗原Yに感染したことはないものとする。

実験1　マウスに抗原Xを注射したところ，抗原Xに対する抗体が産生された。抗原Xを注射してから3週間後，1回目と同じ抗原Xを注射した。

実験2　**実験1**とは異なるマウスに抗原Xを注射したところ，抗原Xに対する抗体が産生された。抗原Xを注射してから3週間後，1回目と異なる抗原Yを注射した。

問4 下線部(b)に関連して，次の記述ⓓ〜ⓖのうち，細胞性免疫に関する正しい記述の組合せとして最も適当なものを，後の①〜⓪のうちから一つ選べ。 11

ⓓ　B細胞により活性化されたキラーT細胞が，ウイルス感染細胞を直接攻撃する。

ⓔ　ヘルパーT細胞によって活性化されたB細胞が形質細胞(抗体産生細胞)へと分化する。

ⓕ　臓器移植時の拒絶反応をもたらす。

ⓖ　HIVの感染により働きが低下する。

① ⓓ　　　　　　② ⓔ　　　　　　③ ⓕ

④ ⓖ　　　　　　⑤ ⓓ, ⓔ　　　　⑥ ⓓ, ⓕ

⑦ ⓓ, ⓔ, ⓕ　　⑧ ⓓ, ⓕ, ⓖ　　⑨ ⓔ, ⓕ, ⓖ

⓪ ⓕ, ⓖ

問5　**実験1・実験2**について，2回目の注射後にマウスの体内で産生される抗原Xに対する抗体量について説明した次の文章中の　**エ**　～　**カ**　に入る語句や文の組合せとして最も適当なものを，後の①～⑧のうちから一つ選べ。　12

　　実験1のマウスは，1回目の注射の際に，抗原Xに対する　**エ**　が成立しており，2回目の注射の際には，抗原Xに対する抗体は　**オ**　。**実験2**のマウスは，**実験1**のマウスと同様に抗原Xに対する　**エ**　が成立しているが，2回目の注射の際には，抗原Xに対する抗体は　**カ**　。

	エ	オ	カ
①	免疫寛容	1回目よりも多く産生される	1回目と同程度に産生される
②	免疫寛容	1回目よりも多く産生される	産生されない
③	免疫寛容	1回目と同程度に産生される	1回目と同程度に産生される
④	免疫寛容	1回目と同程度に産生される	産生されない
⑤	免疫記憶	1回目よりも多く産生される	1回目と同程度に産生される
⑥	免疫記憶	1回目よりも多く産生される	産生されない
⑦	免疫記憶	1回目と同程度に産生される	1回目と同程度に産生される
⑧	免疫記憶	1回目と同程度に産生される	産生されない

（下 書 き 用 紙）

生物基礎の試験問題は次に続く。

第3問 次の文章（A・B）を読み，後の問い（問1～5）に答えよ。（配点 15）

A (a)生物体の有機物を構成しているすべての高分子物質は炭素を含んでおり，そのもとは大気中や水中の二酸化炭素である。極相に達した熱帯多雨林と針葉樹林の土壌の有機物量を調査したところ，表1のような結果を得た。

表　1

森　林	熱帯多雨林	針葉樹林
*有機物層への有機物供給量(t/ha・年)	9.6	2.2
有機物層の有機物蓄積量(t/ha)	8.0	44.0

*有機物層とは，森林の土壌の表層にある有機物が堆積した層である。

問1　下線部(a)について，次の記述ⓐ～ⓒのうち，構成元素として炭素だけでなく窒素を含むものを過不足なく含むものはどれか。それを，後の①～⑦のうちから一つ選べ。 | 13 |

ⓐ　クロロフィル　　　ⓑ　アミラーゼ　　　ⓒ　グリコーゲン

①　ⓐ　　　　　　　②　ⓑ　　　　　　　③　ⓒ

④　ⓐ, ⓑ　　　　　⑤　ⓐ, ⓒ　　　　　⑥　ⓑ, ⓒ

⑦　ⓐ, ⓑ, ⓒ

問2　表1について説明した次の文章中の　ア　～　ウ　に入る語句や数値の組合せとして最も適当なものを，後の①～④のうちから一つ選べ。14

有機物層の有機物蓄積量は，森林からの有機物の供給量と土壌中の有機物の分解量によって決定され，これは，次の式で示される：

有機物蓄積量の変化量＝有機物の供給量－ k ×有機物の蓄積量

k は分解定数と呼ばれ，それぞれの場所における有機物の分解速度の指標となる。有機物蓄積量の変化量が0のとき，k ＝有機物の　ア　量 / 有機物の　イ　量となる。このことを踏まえると，熱帯多雨林における k は，針葉樹林における k の約　ウ　倍である。

	ア	イ	ウ
①	供　給	蓄　積	0.04
②	供　給	蓄　積	24
③	蓄　積	供　給	0.04
④	蓄　積	供　給	24

問3 表1について説明した次の文章中の エ ～ カ に入る語句の組合せとして最も適当なものを，後の ① ～ ⑧ のうちから一つ選べ。 15

針葉樹林では エ による制限を受けるため，分解者による有機物の分解速度は有機物の供給速度を オ 。一方，熱帯多雨林では， エ による制限を受けない。このため，有機物蓄積量は針葉樹林の方が熱帯雨林よりも カ なったと考えられる。

	エ	オ	カ
①	光の強さ	上回る	多く
②	光の強さ	上回る	少なく
③	光の強さ	下回る	多く
④	光の強さ	下回る	少なく
⑤	気　温	上回る	多く
⑥	気　温	上回る	少なく
⑦	気　温	下回る	多く
⑧	気　温	下回る	少なく

B　生態系の中で生活している生物の個体数や生産量は，ある程度は変動しながらも，その幅が一定の範囲内におさまっていることが多い。このような状態を生態系の平衡という。被食―捕食の関係にある生物の個体数も，相互に関連して周期的に変動することが多い。図1は，被食－捕食関係にある動物Xと動物Yの個体数の変動を示したものである。

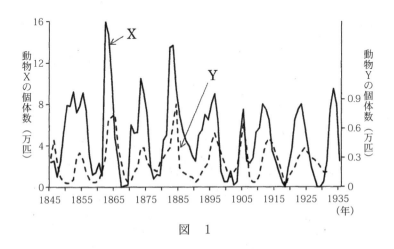

図　1

問4 図1について説明した次の文章中の $\boxed{\text{キ}}$ ～ $\boxed{\text{ケ}}$ に入る語句や数値の組合せとして最も適当なものを，後の①～⑧のうちから一つ選べ。$\boxed{16}$

被食者と捕食者の個体数変動のピークは，一般に $\boxed{\text{キ}}$ 者の方が先である。したがって，図中の動物Xは $\boxed{\text{ク}}$ 者の個体数変動を示していると考えられる。また，図1より，両者の個体数は約 $\boxed{\text{ケ}}$ 年を周期として変動していることがわかる。

	キ	ク	ケ
①	被 食	被 食	5
②	被 食	被 食	10
③	捕 食	捕 食	5
④	捕 食	捕 食	10
⑤	被 食	捕 食	5
⑥	被 食	捕 食	10
⑦	捕 食	被 食	5
⑧	捕 食	被 食	10

問5　近年，人間活動による環境の急激な変化に伴って生態系の平衡が乱れている。このように，生物が非生物的環境に対して影響をおよぼすことを環境形成作用という。次の記述ⓓ～ⓕのうち，環境形成作用の例として考えられるものを過不足なく含むものを，後の ① ～ ⑦ のうちから一つ選べ。　17

ⓓ　海水温の上昇により，サンゴが白化する。

ⓔ　遺体や枯死体の分解により，土壌中の養分が増加する。

ⓕ　湖沼の透明度の低下により，沈水植物が枯死する。

① ⓓ　　　　　② ⓔ　　　　　③ ⓕ
④ ⓓ, ⓔ　　　⑤ ⓓ, ⓕ　　　⑥ ⓔ, ⓕ
⑦ ⓓ, ⓔ, ⓕ

東進 共通テスト実戦問題集

第**3**回

理 科 ① 〔生 物 基 礎〕 $\left(\text{50点}\right)$

注 意 事 項

1 解答用紙に，正しく記入・マークされていない場合は，採点できないことがあります。特に，解答用紙の解答科目欄にマークされていない場合又は複数の科目にマークされている場合は，**0点**となります。

2 試験中に問題冊子の印刷不鮮明，ページの落丁・乱丁及び解答用紙の汚れ等に気付いた場合は，手を高く挙げて監督者に知らせなさい。

3 解答は，解答用紙の解答欄にマークしなさい。例えば，| 10 |と表示のある問いに対して③と解答する場合は，次の（例）のように**解答番号10の解答欄の③**にマークしなさい。

（例）

解答番号	解 答 欄
10	① ② ❸ ④ ⑤ ⑥ ⑦ ⑧ ⑨ ⓪ ⓐ ⓑ

4 問題冊子の余白等は適宜利用してよいが，どのページも切り離してはいけません。

5 **不正行為について**

① 不正行為に対しては厳正に対処します。

② 不正行為に見えるような行為が見受けられた場合は，監督者がカードを用いて注意します。

③ 不正行為を行った場合は，その時点で受験を取りやめさせ退室させます。

6 試験終了後，問題冊子は持ち帰りなさい。

生 物 基 礎

$\left(\text{解答番号}\boxed{1} \sim \boxed{16}\right)$

第1問 次の文章（**A・B**）を読み，後の問い（**問1～6**）に答えよ。（配点 18）

A ある研究者らは，タンパク質の殻の中に DNA をもつ T_2 ファージという
ウイルスを用いて実験を行い，遺伝子の本体が DNA であることを明らか
にした。その実験手順を示すと以下の通りになる。

手順1 (a)T_2 ファージの殻を構成するタンパク質に含まれる硫黄に目印
（目印 S）をつけた T_2 ファージと，内部の DNA に含まれるリンに目印（目
印 P）をつけた T_2 ファージをそれぞれ用意する。

手順2 目印をつけたそれぞれの T_2 ファージを，目印を含まない培養液
で培養している大腸菌に感染させる。

手順3 手順2の処理後，培養液をそれぞれ遠心分離し，上澄みを除去す
る。

手順4 遠心分離により沈殿した大腸菌を新しい培養液に懸濁し，一定時
間ミキサーで激しく撹拌してから再度遠心分離する。

　遠心分離後の上澄み中に含まれる目印 P と目印 S の割合（％）を測定した
ところ，表1のようになった。ただし，撹拌する前の懸濁流に含まれる各
目印の総量を 100％ としている。

表　1

	目印 P	目印 S
遠心分離後の上澄み中に 含まれる各目印の割合（％）	30	80

問1　下線部(a)に関連して，T_2 ファージに目印をつけるためには目印をつけた大腸菌を用いる必要がある。これは，T_2 ファージが培地中の目印 S や目印 P を直接利用できないからである。この理由として考えられる T_2 ファージの性質として最も適当なものを，次の ① ～ ④ のうちから一つ選べ。　| 1 |

① 非常に微小な構造体である。

② 遺伝子の本体として DNA をもつ。

③ タンパク質からなる殻で囲まれている。

④ 代謝を行うことができない。

問2　表1について説明した次の文章中の空欄 | ア | と | イ | に入る数値の組合せとして最も適当なものを，後の ① ～ ⑥ のうちから一つ選べ。　| 2 |

表1より，T_2 ファージのもつタンパク質の約 | ア | ％が十分なミキサー処理を行っても大腸菌に付着したままであり，付着したファージのうち少なくとも約 | イ | ％が大腸菌へ DNA を注入したと考えられる。

	ア	イ
①	20	50
②	20	70
③	30	50
④	30	70
⑤	80	50
⑥	80	70

B キミエさんとオサムさんは，生物の授業でタマネギを用いた体細胞分裂
の観察実験をしている。以下は，その時の会話の一部である。

キミエ：観察実験でタマネギの根端を用いるのはなんでなんだろう。りん葉
　　　　でも同じように観察できるんじゃないかな。

オサム：りん葉の細胞は体細胞分裂をしていないから，観察実験には適さな
　　　　いよ。

キミエ：なるほど。すべての細胞が体細胞分裂をしているわけではないんだ
　　　　ね。

オサム：うん。多細胞生物のからだを構成する多くの細胞は(b)細胞周期から
　　　　外れて G_0 期と呼ばれる休止期に入り，特定の形や働きをもつよう
　　　　に分化しているんだ。実際に観察してみようよ。ステージにプレパ
　　　　ラートをセットしておいたよ。

キミエ：ありがとう。最初は　　ウ　　倍率で観察するんだよね。

オサム：うん。　　エ　　細胞が集まっている部分が視野の真ん中にくるよう
　　　　にプレパラートを動かした方がいいよ。その方が，視野中に多くの
　　　　細胞が見られるからね。

キミエ：お，観察に適している部分が視野の右上に見えたぞ。

オサム：プレパラートを動かす方向に注意してね。

キミエ：そのくらい分かってるよ。プレパラートを　　オ　　に動かして…
　　　　よし，観察に適している部分が視野の真ん中にきたぞ。本当だ，い
　　　　ろいろな時期の細胞が観察できるね。特に分裂期の　　カ　　の細
　　　　胞は，染色体の本数を数えるのに最も適していそうだ。

オサム：そうだね。(c)細胞周期の各時期の細胞数を数えてみようよ。

問3　下線部(b)に関連して，細胞周期は間期と分裂期に分けられる。次の
記述@〜@のうち，間期に関する正しい説明の組合せとして最も適当な
ものを，後の ① 〜 ⓪ のうちから一つ選べ。 3

@　G₁ 期では分裂期の準備が行われる。

ⓑ　G₂ 期では DNA を合成するための準備が行われる。

ⓒ　S 期では DNA が合成される。

ⓓ　分化した細胞は，S 期に入って分裂を停止する。

① @ 　　　② ⓑ 　　　③ ⓒ

④ ⓓ 　　　⑤ @, ⓑ 　　⑥ @, ⓒ

⑦ ⓑ, ⓒ 　　⑧ ⓒ, ⓓ 　　⑨ @, ⓑ, ⓓ

⓪ @, ⓒ, ⓓ

問4　上の会話文中の ウ 〜 オ に入る語句の組合せとして最も
適当なものを，次の ① 〜 ⑧ のうちから一つ選べ。 4

	ウ	エ	オ
①	高	大きい	右　上
②	高	大きい	左　下
③	高	小さい	右　上
④	高	小さい	左　下
⑤	低	大きい	右　上
⑥	低	大きい	左　下
⑦	低	小さい	右　上
⑧	低	小さい	左　下

問5 上の会話文中の空欄 **カ** に入る時期(ⓔ～ⓖ)とその時期を選んだ理由(Ⅰ～Ⅲ)の組合せとして最も適当なものを，後の ① ～ ⑨ のうちから一つ選べ。 **5**

ⓔ 前 期　　　ⓕ 中 期　　　ⓖ 後 期

Ⅰ 核膜が消失し，染色体が太く短くなるから。

Ⅱ 染色体が赤道面に並ぶから。

Ⅲ 染色体が両極に移動し，細胞全体に広がっているから。

① ⓔ, Ⅰ　　　② ⓔ, Ⅱ　　　③ ⓔ, Ⅲ

④ ⓕ, Ⅰ　　　⑤ ⓕ, Ⅱ　　　⑥ ⓕ, Ⅲ

⑦ ⓖ, Ⅰ　　　⑧ ⓖ, Ⅱ　　　⑨ ⓖ, Ⅲ

問6 下線部(c)について，細胞周期の各時期の細胞数が分かれば，各時期の時間が分かる。これは，細胞周期の長さに対する各時期の時間の割合が，全体の細胞数に対する各時期の細胞数の割合に一致するという考えを利用したものである。しかし，この考えは分裂しているすべての細胞に適用できるわけではなく，いくつか条件が必要である。この条件として最も適当なものを，次の ① ～ ④ のうちから一つ選べ。ただし，細胞周期の長さは分かっているものとする。 **6**

① 分裂ごとに細胞が小さくなる。

② 観察したすべての細胞の細胞周期の長さが等しい。

③ 各細胞がほぼ同時に分裂(同調分裂)する。

④ G_1 期と G_2 期が短い。

（下 書 き 用 紙）

生物基礎の試験問題は次に続く。

第２問 次の文章（**A・B**）を読み，後の問い（**問１～５**）に答えよ。（配点　16）

A 熱中症の原因の一つとして脱水が知られている。運動部のテツヤさんとハノさんは，コーチから，熱中症の予防として運動中には必ず水を飲むように指導された。このことについて興味をもった二人は，運動中の飲水の影響について調べた以下の**実験１・実験２**を見つけ，これらの実験について話し合った。

実験１ ある健常なヒトに，気温 32℃ の環境で２時間の自転車運動を行わせた。

実験２ **実験１**と同じヒトに，**実験１**と同様に自転車運動を行わせた。このとき，総量 500mL の水を数回に分けて飲ませた。

実験１，**実験２**のそれぞれにおいて，実験後の体温（℃），尿量（mL）を測定したところ，表１のようになった。なお，体温は運動直後のわきの下で測定した。

表　１

	体温（℃）	尿量（mL）
実験１	38.8	40
実験２	37.8	80

テツヤ：表１を見るかぎり，体温は運動によってかなり高くなるんだね。

ハ　ノ：確かに運動直後は高くなるけど，ある程度の時間が経過するとすぐに平熱に戻るよ。血糖濃度と同じで，(a)体温も一定の範囲内に保たれているからね。

テツヤ：体内環境を保つしくみってすごいよね。ところで，表１を見ると，

　　　実験1よりも実験2の方が，体温が低くなっているね。

ハ　ノ：実験2では，実験1よりも　ア　神経の働きによる発汗が促されたんじゃないかな。

テツヤ：この前の生物の授業で，発汗すると放熱量が増加すると習ったよ。まさにその通りだ。

ハ　ノ：実験1よりも実験2で尿量が増加している理由も気になるね。実験1よりも実験2の方が飲水によって体液の濃度が低下していることはわかるけど。

テツヤ：体液の濃度が低下した結果，血中のバソプレシン濃度が　イ　し，実験1と比べて(b)腎臓の　ウ　における水の再吸収量が　エ　したからじゃないかな。

問1　下線部(a)に関連して，次の記述ⓐ～ⓓのうち，体温調節のしくみに関する正しい説明の組合せとして最も適当なものを，後の①～⓪のうちから一つ選べ。　7

ⓐ　体温の調節中枢は間脳にある。

ⓑ　体温が上昇すると，交感神経の働きにより立毛筋が収縮する。

ⓒ　体温が低下すると，甲状腺からのインスリンによって体の各組織での代謝活動が促進される。

ⓓ　体温が低下すると，肝臓でのグリコーゲンの合成が促される。

① ⓐ　　　　② ⓑ　　　　③ ⓒ
④ ⓓ　　　　⑤ ⓐ, ⓑ　　⑥ ⓐ, ⓒ
⑦ ⓐ, ⓓ　　⑧ ⓑ, ⓒ　　⑨ ⓐ, ⓑ, ⓓ
⓪ ⓐ, ⓒ, ⓓ

問2 会話文中の ア ～ エ に入る語句の組合せとして最も適当なものを，次の ① ～ ⑧ のうちから一つ選べ。 8

	ア	イ	ウ	エ
①	交 感	上昇	細尿管	増加
②	交 感	上昇	集合管	増加
③	交 感	低下	細尿管	減少
④	交 感	低下	集合管	減少
⑤	副交感	上昇	細尿管	増加
⑥	副交感	上昇	集合管	増加
⑦	副交感	低下	細尿管	減少
⑧	副交感	低下	集合管	減少

問3 下線部(b)に関連して，ある健常者の血しょう・原尿中の主な成分の濃度(%)を調べたところ，表2のようになった。表2に関する説明として**誤っているもの**を，後の ① ～ ④ のうちから一つ選べ。なお，表中の濃縮率は尿中の濃度を血しょう中の濃度で割ったものである。また，X と Y は血しょうと原尿のいずれかが入る。 9

表 2

成分	X(%)	Y(%)	濃縮率
Z	7〜9	0	―
ナトリウムイオン	0.3	0.3	1
尿 素	0.03	0.03	67

① X は血しょう，Y は原尿である。

② 成分 Z はグルコースである。

③ ナトリウムイオンはボーマンのうへとろ過された後，その多くが再吸収される。

④ 細尿管における再吸収率は，水よりも尿素の方が低い。

B ABO式血液型において，別々のヒトの血液を混ぜると，赤血球が互いに付着して塊状になることがあり，この反応は凝集反応と呼ばれる。この反応には，(c)赤血球表面上の２種類の抗原(以降，凝集原A，凝集原Bとする)と，血しょう中に存在する凝集原Aに特異的に結合する抗A抗体および凝集原Bに特異的に結合する抗B抗体がかかわっている。

問4 下線部(c)について，ABO式血液型と血液の凝集反応に関する説明として最も適当なものを，次の ① 〜 ④ のうちから一つ選べ。 10

① O型のヒトの血液には，抗A抗体，抗B抗体は含まれない。

② ２種類の凝集原AおよびBのうち，A型は凝集原Aのみをもつ。

③ B型のヒトの血清には，抗B抗体が含まれる。

④ AB型のヒトの血清とA型のヒトの血液を混ぜると，凝集反応がみられる。

問5 骨髄中の造血幹細胞ががん化し，無秩序に増殖することで正常な血球を産生する能力が低下する病気を白血病という。白血病の患者に対して抗がん剤では十分な治癒が望めない場合，骨髄移植を行うことがある。骨髄移植とは，健康な骨髄提供者から造血幹細胞を含む骨髄液を採取して患者に注射し，患者の造血機能を回復させるものである。血液型A型の患者Xが血液型B型の骨髄提供者Yから骨髄の提供を受けた場合について，次の記述ⓔ〜ⓖのうち，合理的な推論を過不足なく含むものを，後の ① 〜 ⑦ のうちから一つ選べ。ただし，本問における患者の造血幹細胞は，骨髄移植前の放射線照射によってすべて死滅している。また，骨髄移植は正常に完了し，骨髄移植による拒絶反応は起こらなかったものとする。 11

ⓔ 患者Xのすべての体細胞は，いずれ骨髄提供者Yの造血幹細胞に由来するものに置き換わる。

ⓕ 骨髄移植してから半年後の患者Xの自然免疫は患者Xの細胞によって行われ，適応免疫は骨髄提供者Yの細胞によって行われる。

ⓖ 骨髄移植してから半年後の患者Xから取り出した血液を，抗B抗体を含む血清と混ぜると凝集反応を示す。

① ⓔ
② ⓕ
③ ⓖ
④ ⓔ, ⓕ
⑤ ⓔ, ⓖ
⑥ ⓕ, ⓖ
⑦ ⓔ, ⓕ, ⓖ

第3問 次の文章（**A・B**）を読み，後の問い（**問1～5**）に答えよ。（配点　16）

A 　真夏のある日，マユコさんとケイタさんは，(a)家の裏に広がるコナラ林について話し合った。

マユコ：ねえケイタ，家の裏にあるコナラの多くが紅葉しているよ。まだ夏なのにおかしいね。

ケイタ：あれは紅葉しているんじゃなくて，葉が枯れて変色しているだけなんだ。

マユコ：そうなんだ。原因は分かっているのかな。

ケイタ：うん。キクイムシの仕業だよ。キクイムシの雌は背中に菌のうと呼ばれる器官をもっていて，そこに植物を栄養源とする(b)ラファエレア菌が入っているんだ。キクイムシはコナラの樹皮に穴を空けてコナラ内に侵入するんだけど，それに伴ってラファエレア菌もコナラ内に侵入して増殖し，コナラの道管を破壊してしまうらしいよ。

マユコ：道管が破壊されて水の吸い上げを阻害することで，枯死してしまうんだね。

ケイタ：うん。キクイムシが侵入して1～2週間で枯死してしまう場合もあるらしい。また，キクイムシは幼虫も成虫もラファエレア菌を餌にして成長することも知られているよ。羽化した成虫は，樹皮にできた穴から出てきて，周辺の樹木に再び侵入するんだ。

マユコ：なるほど。そうやって枯死してしまうコナラが増えていくんだね。

ケイタ：キクイムシとコナラの関係はまだ不明瞭なことが多くて，キクイムシによる被害を減らすためには，(c)さらなる研究が必要なようだよ。

問1 下線部(a)に関連して，コナラやアカマツなどの雑木林が広がる一帯は里山と呼ばれる。里山について説明した次の文中の ア ・ イ に入る語句の組合せとして最も適当なものを，後の ① 〜 ④ のうちから一つ選べ。 12

里山では，コナラやアカマツなど，光補償点の ア 陽樹が継続して生育しており，生物多様性に富んでいる。近年，人間による適度なかく乱がなくなったことで遷移が イ し，その結果，里山における動植物の多様性が失われつつある。

	ア	イ
①	高 い	停 止
②	高 い	進 行
③	低 い	停 止
④	低 い	進 行

問2 下線部(b)に関連して，ラファエレア菌は酵母と同じ菌類に含まれる。ラファエレア菌の栄養段階での分類(ⓐ～ⓒ)と，ラファエレア菌がもつ細胞の特徴(Ⅰ～Ⅲ)の組合せとして最も適当なものを，後の①～⑨のうちから一つ選べ。　13

栄養段階での分類

ⓐ　生産者　　　　　ⓑ　一次消費者　　　　ⓒ　二次消費者

ラファエレア菌がもつ細胞の特徴

Ⅰ　核をもたない。

Ⅱ　ミトコンドリアをもつ。

Ⅲ　細胞膜の代わりに細胞壁をもつ。

① ⓐ, Ⅰ　　　　　② ⓐ, Ⅱ　　　　　③ ⓐ, Ⅲ

④ ⓑ, Ⅰ　　　　　⑤ ⓑ, Ⅱ　　　　　⑥ ⓑ, Ⅲ

⑦ ⓒ, Ⅰ　　　　　⑧ ⓒ, Ⅱ　　　　　⑨ ⓒ, Ⅲ

問3　下線部(c)に関連して，あるコナラ林において，キクイムシに侵入された コナラの胸高直径を年度別に測定したところ，図1のようになった。後の⑩〜⑰のうち，会話文と図1から考えられる合理的な推論の組合せとして最も適当なものを，後の①〜⑦のうちから一つ選べ。　14

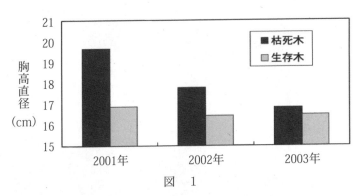

図　1

注：人間の胸の高さにおける樹木の直径を胸高直径という。

⑩　コナラ林の生死にかかわらず，胸高直径が大きい方が，キクイムシに侵入されやすい。

⑪　キクイムシは，生存木よりも枯死木を好む。

⑫　胸高直径が大きい枯死木を伐採するような管理をした里山では，キクイムシによる被害が拡大を軽減できる可能性がある。

① ⑩　　　　　② ⑪　　　　　③ ⑫

④ ⑩, ⑪　　　⑤ ⑩, ⑫　　　⑥ ⑪, ⑫

⑦ ⑩, ⑪, ⑫

B　日本の高山では，(d)標高の違いに伴う気温の変化に沿ったバイオームの分布がみられる。(e)写真（図2）は，本州中部の山岳地帯におけるある場所で撮影したものであり，写真中央部に点在する植物はコマクサである。

図　2

問4　下線部(d)に関連して，日本における垂直分布について説明した次の
文章中の　ウ　～　オ　に入る語句の組合せとして最も適当なも
のを，後の ① ～ ④ のうちから一つ選べ。　15

　垂直分布におけるバイオームの境界は，緯度が高いほど　ウ　な
ると考えられる。また，植生は斜面方位による影響も受けるため，山の
麓から山頂を目指して登山したとき，図2の植生が見られる標高は，
　エ　斜面の方が　オ　斜面よりも低くなると考えられる。

	ウ	エ	オ
①	低　く	北	南
②	低　く	南	北
③	高　く	北	南
④	高　く	南	北

問5　下線部(e)に関連して，図3は本州中部の垂直分布を模式的に示した
ものであり，図中の点線はバイオームの境界を示している。図3中から
図2の写真を撮影した場所（**カ～ク**）と，その場所の特徴（Ⅰ～Ⅲ）の組合
せとして最も適当なものを，後の **①** ～ **⑨** のうちから一つ選べ。なお，
図中のバイオームの境界は，北斜面と南斜面での違いを反映していない。

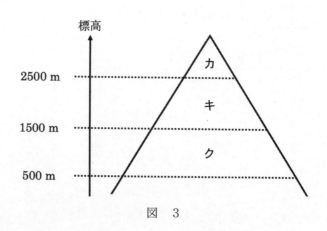

図　3

Ⅰ　針葉樹林が成立する。

Ⅱ　ハイマツの低木がみられる。

Ⅲ　常緑広葉樹林が生育する。

①　カ，Ⅰ	**②**　カ，Ⅱ	**③**　カ，Ⅲ
④　キ，Ⅰ	**⑤**　キ，Ⅱ	**⑥**　キ，Ⅲ
⑦　ク，Ⅰ	**⑧**　ク，Ⅱ	**⑨**　ク，Ⅲ

東進 共通テスト実戦問題集

第**4**回

理 科 ① 〔生 物 基 礎〕 $\left(50点\right)$

注 意 事 項

1 解答用紙に，正しく記入・マークされていない場合は，採点できないことがあります。特に，解答用紙の**解答科目欄にマークされていない場合又は複数の科目にマークされている場合は，0点**となります。

2 試験中に問題冊子の印刷不鮮明，ページの落丁・乱丁及び解答用紙の汚れ等に気付いた場合は，手を高く挙げて監督者に知らせなさい。

3 解答は，解答用紙の解答欄にマークしなさい。例えば， 10 と表示のある問いに対して③と解答する場合は，次の（例）のように**解答番号10の解答欄**の③に**マーク**しなさい。

（例）

解答番号	解 答 欄
10	① ② ❸ ④ ⑤ ⑥ ⑦ ⑧ ⑨ ⓪ ⓐ ⓑ

4 問題冊子の余白等は適宜利用してよいが，どのページも切り離してはいけません。

5 **不正行為について**

① 不正行為に対しては厳正に対処します。

② 不正行為に見えるような行為が見受けられた場合は，監督者がカードを用いて注意します。

③ 不正行為を行った場合は，その時点で受験を取りやめさせ退室させます。

6 試験終了後，問題冊子は持ち帰りなさい。

生 物 基 礎

$$\left(\text{解答番号}\boxed{1}\sim\boxed{17}\right)$$

第1問 次の文章（**A・B**）を読み，後の問い（**問1～6**）に答えよ。（配点　18）

A　水族館に行ったノブさんとダイゴさんは，展示されていたウミウシの一種であるチドリミドリガイ（以下，ウミウシ）について話し合った。

ノ　ブ：ウミウシって見た目に加えて名前もかわいいね。頭部に2本ある触角をウシの角に見立てたことが名前の由来みたいだよ。

ダイゴ：そうなんだ。水槽にウミウシの説明が書かれているよ。ウミウシは軟体動物なんだね。

ノ　ブ：軟体動物ということは，イカやタコのなかまなんだね。ところで，このウミウシは緑色をしているね。

ダイゴ：説明にはそのことについても書いてあるよ。緑色のウミウシは葉緑体をもっていて，光合成を行うんだって。

ノ　ブ：動物なのに葉緑体をもっていて，(a)光合成を行うんだね。

ダイゴ：ウミウシは摂食した海藻の細胞に穴を開けて中身を吸引し，葉緑体を体内に取り込むことで光合成ができるようになるらしいよ（図1）。

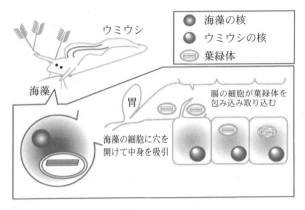

図　1

ノ　ブ：他の生物を体内に取り込んで利用するなんて，授業で学んだ(b)細胞
　　　　内共生説みたいだね。

ダイゴ：でも，おかしいな。光合成に必要な遺伝子の一部は核DNAに存在
　　　　していると習ったよね。つまり，細胞から外に出た葉緑体は機能し
　　　　ないはずだよ。

ノ　ブ：確かに不思議だね。(c)もう少し調べてみよう。

問 1 下線部(a)に関連して，光合成の過程とエネルギーの流れを示した図として最も適当なものを，次の ① ～ ④ のうちから一つ選べ。

1

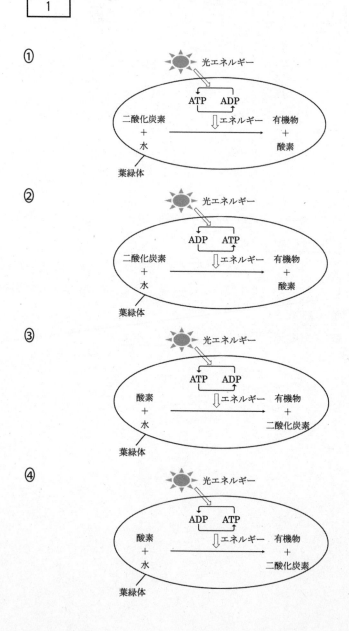

問2　下線部(b)について，次の記述ⓐ～ⓓのうち，細胞内共生説に関する
正しい説明はどれか。その組合せとして最も適当なものを，後の①～
⓪のうちから一つ選べ。　2

ⓐ　細胞膜が陥入することで，核膜が形成された。

ⓑ　原始的な生物に好気性細菌が取り込まれた結果，シアノバクテリア
が生じた。

ⓒ　細胞内共生によって生じた細胞小器官として，葉緑体のほかに核と
ミトコンドリアがあげられる。

ⓓ　細胞内共生によって生じたとされる細胞小器官がDNAをもつこと
は，細胞内共生説の根拠の一つとされている。

① ⓐ　　　　　　② ⓑ　　　　　　③ ⓒ

④ ⓓ　　　　　　⑤ ⓐ, ⓑ　　　　⑥ ⓐ, ⓒ

⑦ ⓑ, ⓒ　　　　⑧ ⓑ, ⓓ　　　　⑨ ⓐ, ⓑ, ⓒ

⓪ ⓑ, ⓒ, ⓓ

問3　下線部(c)について，ノブさんとダイゴさんはウミウシの光合成についてさらに調べたところ，「ウミウシが藻類から取り込んだ葉緑体を単離すると数日で光合成能が失われるが，ウミウシの細胞に取り込まれることで光合成能は長期間維持される」と書かれた論文を見つけた。次の記述ⓔ～ⓖのうち，この事実から導かれる合理的な推論として正しいものはどれか。その組合せとして最も適当なものを，後の ① ～ ⑦ のうちから一つ選べ。　| 3 |

ⓔ　葉緑体を取り込んだ腸の細胞の核 DNA には，取り込んだ葉緑体の DNA が含まれる。

ⓕ　藻類から取り込んだ葉緑体を含むウミウシの細胞内には，葉緑体の光合成能を維持するのに必要なタンパク質が含まれている。

ⓖ　藻類から取り込んだ葉緑体を含むウミウシの細胞内では，呼吸がさかんに行われている。

① ⓔ　　　　② ⓕ　　　　③ ⓖ　　　　④ ⓔ, ⓕ
⑤ ⓔ, ⓖ　　⑥ ⓕ, ⓖ　　⑦ ⓔ, ⓕ, ⓖ

B　図2で示したヌクレオチド鎖（X鎖，Y鎖）は，一方が(d)ホルモンZを
指定する遺伝子領域を含むDNAの一部，もう一方はその遺伝子の転写に
よって合成されたmRNAの一部を示している。ただし，この遺伝子の発
現において，翻訳は図2に記された最初の3個の塩基の組合せから始まり，
その後は連続した3個の塩基ごとに1個のアミノ酸が指定されるものとす
る。また，図2に示した塩基配列はすべて翻訳されるものとする。

X鎖 … TACCGGGACACCTAC …

Y鎖 … AUGGCCCUGUGGAUG …

図　2

問4　次の記述ⓗ～ⓙのうち，図2に関する正しい説明はどれか。その組合
せとして最も適当なものを，後の①～⑦のうちから一つ選べ。　　4

ⓗ　X鎖はDNAである。

ⓘ　Y鎖はmRNAである。

ⓙ　図2中のDNAはmRNAの非鋳型鎖である。

① ⓗ　　　　　② ⓘ　　　　　③ ⓙ　　　　　④ ⓗ, ⓘ

⑤ ⓗ, ⓙ　　　⑥ ⓘ, ⓙ　　　⑦ ⓗ, ⓘ, ⓙ

問 5 下線部(d)について，このホルモン Z を指定する遺伝子について説明した次の文中の ア ・ イ に入る数値の組合せとして最も適当なものを，後の ① 〜 ⑤ のうちから一つ選べ。 5

ホルモン Z は 110 個のアミノ酸からなることが知られている。このアミノ酸配列に対応する mRNA の塩基数は， ア 個である。また，このアミノ酸配列を指定する mRNA の鋳型となった DNA の塩基数は， イ 個であると考えられる。

	ア	イ
①	110	110
②	110	330
③	110	660
④	330	330
⑤	330	660

問6 ホルモン Z は血糖濃度の低下に関わるホルモンであり，治療薬として利用する際にはホルモン Z を指定する遺伝子を含むヒトの DNA 断片を大腸菌などに導入してつくられている。この際，導入する DNA 断片はホルモン Z を指定する遺伝子の mRNA をもとに合成した DNA を用いる。このことに関する正しい記述として**適当でないもの**を，次の ① 〜 ⑤ のうちから一つ選べ。 6

① ホルモン Z はインスリンである。

② ホルモン Z は，糖尿病の治療薬として利用されることがある。

③ ヒトのからだを構成するほぼすべての体細胞には，ホルモン Z を指定する遺伝子が含まれる。

④ 大腸菌に導入する DNA 断片は，すい臓のランゲルハンス島 B 細胞がもつ mRNA をもとに合成したものを用いる。

⑤ ホルモン Z を指定する遺伝子は，すい臓のランゲルハンス島 B 細胞に最も多く含まれる。

第２問 次の文章（**A・B**）を読み，後の問い（**問１～５**）に答えよ。（配点 16）

A ニコさんとワクさんは，からだの周囲の環境温度が体表温度（以下，体表温）およびからだの中心部の体温（以下，深部温）に与える影響について調べた**実験１**に関する資料を見つけ，このことについて話し合った。

実験１ 麻酔したウサギを横たえたのち，ウサギの後ろ半身の皮膚を約16℃で６分間冷却した。その後，冷却を開始した時間を０分として耳の体表温および深部温を記録したところ，図１のようになった。なお，実験はすべて室温（23～25℃）で行った。

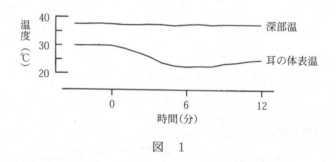

図 1

ニコ：図１を見ると，皮膚の冷却によって耳の体表温は低下しているけれど，深部温は変わっていないね。

ワク：そうだね。理由を考えてみよう。まず，皮膚を冷却したことで，血液の温度は低下するはずだ。

ニコ：うん。血液の温度が低下すると，その情報を体温調節の中枢である ア の(a)視床下部が感知し，交感神経が働くようになるよね。

ワク：耳の体表血管は交感神経によって イ するはずだよ。

ニコ：うん。このとき，体表からの放熱量は ウ するから，深部温は一定に保たれているんだね。

問1　下線部(a)について，次の@〜@のうち，視床下部に関する正しい説明はどれか。その組合せとして最も適当なものを，後の①〜⓪のうちから一つ選べ。　7

@　合成されたホルモンは，排出管を通して放出される。

ⓑ　バソプレシンを合成する。

ⓒ　脳下垂体のホルモン分泌を調節する働きをもつホルモンを合成する。

ⓓ　心臓の拍動中枢である。

① @
② ⓑ
③ ⓒ
④ ⓓ
⑤ @, ⓑ
⑥ @, ⓒ
⑦ @, ⓓ
⑧ ⓑ, ⓒ
⑨ @, ⓑ, ⓒ
⓪ @, ⓒ, ⓓ

問2　会話文中の　ア　〜　ウ　に入る語句の組合せとして最も適当なものを，次の①〜⑧のうちから一つ選べ。　8

	ア	イ	ウ
①	大 脳	収 縮	増 加
②	大 脳	収 縮	減 少
③	大 脳	弛 緩	増 加
④	大 脳	弛 緩	減 少
⑤	間 脳	収 縮	増 加
⑥	間 脳	収 縮	減 少
⑦	間 脳	弛 緩	増 加
⑧	間 脳	弛 緩	減 少

問3 ニコさんとワクさんは，ウサギの後ろ半身の皮膚を約40℃で6分間加温する実験を計画した。**実験1**の内容をふまえて，次の記述ⓔ〜ⓖのうち，後ろ半身の皮膚を加温した場合に起こると予想されるものはどれか。その組合せとして最も適当なものを，後の①〜⑦のうちから一つ選べ。 9

ⓔ 耳の体表血管に副交感神経が働くようになる。
ⓕ 耳の体表温は上昇するが，深部温は変わらない。
ⓖ 肝臓における代謝が活性化する。

① ⓔ   ② ⓕ   ③ ⓖ   ④ ⓔ, ⓕ
⑤ ⓔ, ⓖ   ⑥ ⓕ, ⓖ   ⑦ ⓔ, ⓕ, ⓖ

B 同じクラスのマサさんとハルオさんは，ある感染症に対する検査方法について話し合った。

マ　サ：これから感染症の検査に行かなくちゃいけないんだよね。

ハルオ：もしかして今流行っているウイルスの検査かな。大変だね。どうやって調べるの。

マ　サ：鼻の奥の粘膜を採取されるみたいだ。

ハルオ：なるほど。ウイルスの検査には抗原検査と抗体検査があると聞くけど，今回は抗原検査をするんだね。

マ　サ：そうだよ。でも，どうしてわかったの。

ハルオ：抗体検査の場合は，　エ　を採取しなければ抗体の有無を調べられないからね。

マ　サ：言われてみるとその通りだ。抗体は　オ　から放出されるものだもんね。

ハルオ：うん。ちなみに，抗原検査は現在の感染状況を知るためのもので，抗体検査は過去の感染状況を知るためのものなんだよ。

マ　サ：なるほど。(b)抗体が産生されるまでには時間がかかるから，　エ　中にウイルスに対する抗体があるということは，(c)過去にそのウイルスに感染し，ウイルスに対する適応免疫が引き起こされていたことになるんだね。

問4 会話文中の エ ・ オ に入る語句の組合せとして最も適当なものを，次の①〜⑥のうちから一つ選べ。 10

	エ	オ
①	尿	マクロファージ
②	尿	マスト細胞
③	尿	形質細胞
④	血　液	マクロファージ
⑤	血　液	マスト細胞
⑥	血　液	形質細胞

問5 下線部(b)に関連して，ウイルスなどの病原体が体内に侵入してから抗体が産生されるまでに起こる反応として**適当でないもの**を，次の①〜⑤のうちから一つ選べ。 11

① 体内に侵入した病原体が，樹状細胞に取り込まれる。

② 樹状細胞がヒスタミンを分泌することで，ヘルパーT細胞に抗原提示を行う。

③ B細胞が病原体の抗原を直接認識する。

④ ヘルパーT細胞が，同じ抗原を認識したB細胞を活性化する。

⑤ 活性化されたB細胞が抗体を産生する細胞へと分化し，抗体を産生する。

問6 下線部(c)に関連して，このしくみを利用し，事前に弱毒化または不活化した病原体を体内に摂取することで同じ病原体の侵入に備えることを予防接種という。予防接種のしくみについて説明した次の文章中の カ ～ ク に入る語句の組合せとして最も適当なものを，後の ① ～ ⑥ のうちから一つ選べ。 12

予防接種では カ を接種することで キ を人為的に引き起こす。このとき，体内では キ に関与したリンパ球の一部が記憶細胞として残る。その後，病原体が侵入すると記憶細胞による ク が起こり，感染症の発症が抑制されたり，症状が軽減されたりする。

	カ	キ	ク
①	ワクチン	一次応答	二次応答
②	ワクチン	アレルギー	アナフィラキシーショック
③	ワクチン	自己免疫疾患	免疫寛容
④	アレルゲン	一次応答	二次応答
⑤	アレルゲン	アレルギー	アナフィラキシーショック
⑥	アレルゲン	自己免疫疾患	免疫寛容

第３問 次の文章(**A・B**)を読み，後の問い(問１～５)に答えよ。(配点 16)

A 18世紀にイギリスではじまった産業革命以降，(a)<u>大気中の二酸化炭素濃度は徐々に増加しており</u>，それに相関するように(b)<u>平均気温も上昇している</u>。二酸化炭素は温室効果をもたらすことから，気温の上昇と二酸化炭素濃度の上昇には関連性があると考えられる。

問1 下線部(a)について，図１に示す日本の地点A，地点Bにおいて，1年間，大気中の二酸化炭素濃度を計測した。二酸化炭素濃度の変動が大きいと考えられる地点(ⓐ・ⓑ)はどれか。また，選んだ地点において，後の記述Ⅰ～Ⅳのうち，1年間における二酸化炭素濃度の変動が大きくなった理由として適当なものはどれか。その組合せとして最も適当なものを，後の①～⑧のうちから一つ選べ。ただし，呼吸による二酸化炭素濃度の変化は考慮しなくてよい。　13

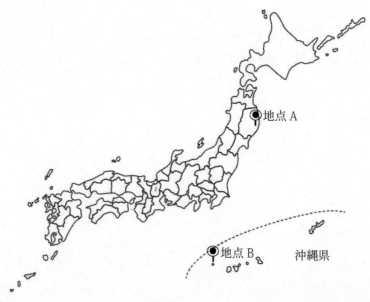

図　１

ⓐ　地点A　　　　　　　　　ⓑ　地点B

Ⅰ　年間の降水量が多いため。

Ⅱ　年間の平均気温が低いため。

Ⅲ　1年のうちで光合成が行われる期間が長いため。

Ⅳ　1年のうちで光合成が行われる期間が短いため。

① ⓐ, Ⅰ　　② ⓐ, Ⅱ　　③ ⓐ, Ⅲ　　④ ⓐ, Ⅳ

⑤ ⓑ, Ⅰ　　⑥ ⓑ, Ⅱ　　⑦ ⓑ, Ⅲ　　⑧ ⓑ, Ⅳ

問2　下線部(b)に関連して，気温は，標高が100m高くなるにつれて，お
　　　よそ0.6℃の割合で低くなる。このため，陸上のバイオームは，標高に
　　　よって植生の相観に違いがみられる。このまま地球温暖化が進行し，気
　　　温が現在から1.2℃程度上昇した場合を想定したとき，次のⓒ～ⓕのう
　　　ち，日本の本州中部におけるバイオームの垂直分布に関する合理的な推
　　　論はどれか。その組合せとして最も適当なものを，後の①～⓪のうち
　　　から一つ選べ。　14

ⓒ　高山草原の分布域が広がる。

ⓓ　照葉樹林の分布域が広がる。

ⓔ　標高2500m付近において，アラカシが多く分布するようになる。

ⓕ　バイオームの境界は，同じ山の北斜面よりも南斜面の方が低くなる
　　ようになる。

① ⓒ　　　　　　　② ⓓ　　　　　　　③ ⓔ

④ ⓕ　　　　　　　⑤ ⓒ, ⓔ　　　　　⑥ ⓒ, ⓕ

⑦ ⓓ, ⓔ　　　　　⑧ ⓓ, ⓕ　　　　　⑨ ⓒ, ⓓ, ⓔ

⓪ ⓒ, ⓓ, ⓕ

問3 二酸化炭素以外の温室効果ガスとしてメタンやフロンなどがあげられ
るが，一酸化二窒素(N_2O)も強力な温室効果をもたらす。N_2O は，作物
の栽培のために施用する肥料中の窒素成分を，菌類の一種であるカビ X
が分解する過程で発生することが知られている。(c)$\underline{N_2O}$ の排出削減を目
的として，<u>実験 1 が行われた。</u>

実験 1 畑地において二つの区画を用意し，一方の区画には肥料のみ，
もう一方の区画には肥料とココナッツハスク(ココナッツの実の周り
の繊維質の部分)を与え，単位面積あたりの N_2O 排出量を測定したと
ころ，図 2 のようになった。

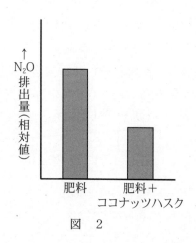

図　2

実験2 実験1で与えたココナッツハスクを区画から取り出して調べたところ，菌食性の土壌動物であるダニYが多く生息していた。

　実験1および実験2から，「ココナッツハスクを与えたことにより増加したダニYがカビXを摂食することで，土壌からのN_2O排出量が低下する」という仮説が検証された。この仮説を支持する実験とその結果として**誤っているもの**を，次の①〜⑤のうちから一つ選べ。　15

① 　実験1の二つの区画におけるダニYの個体数を比較したところ，ココナッツハスクを与えた区画の方が多かった。

② 　実験1の二つの区画におけるカビXの個体数を比較したところ，ココナッツハスクを与えた区画の方が少なかった。

③ 　カビXとダニYを同じ培地上においたところ，ダニYがカビXを捕食した。

④ 　菌食性の土壌動物を駆除した二つの区画を用意した後，一方には肥料のみ，もう一方には肥料とダニYを与えてN_2O排出量を測定したところ，両者の結果に差がなかった。

⑤ 　菌食性の土壌動物を駆除した二つの区画を用意した後，一方には肥料とダニY，もう一方には肥料とダニYに加えてココナッツハスクを与えてN_2O排出量を測定したところ，後者の方が少なかった。

B 生態系において，非生物的環境には温度，光，水，大気，土壌などがあげられるが，太陽の(d)光エネルギーは，生態系を支える主要な環境要因である。(e)植生遷移の過程では，遷移の進行とともに林床の照度が低下することで，生育できる樹種が限られる。

問4 下線部(d)について，生態系内を流れるエネルギーについて説明した次の文中の | ア | ～ | エ | に入る語句の組合せとして最も適切なものを，後の① ～ ⑧ のうちから一つ選べ。 | 16 |

生態系内を流れるエネルギーは，太陽から光エネルギーとして供給される。光エネルギーは | ア | の光合成によって有機物中の | イ | エネルギーへと変換される。有機物中の | イ | エネルギーは | ウ | を通して | エ | の間を流れる。

	ア	イ	ウ	エ
①	生産者	熱	食物連鎖	消費者
②	生産者	熱	生物濃縮	消費者
③	生産者	化 学	食物連鎖	消費者
④	生産者	化 学	生物濃縮	消費者
⑤	消費者	熱	食物連鎖	生産者
⑥	消費者	熱	生物濃縮	生産者
⑦	消費者	化 学	食物連鎖	生産者
⑧	消費者	化 学	生物濃縮	生産者

問5 下線部(e)に関連して，図3は植物の葉における光の強さと二酸化炭素の吸収速度の関係を表したものである。図3に関して説明した後の文中の オ ～ キ に入る語句の組合せとして最も適切なものを，後の ① ～ ⑧ のうちから一つ選べ。 17

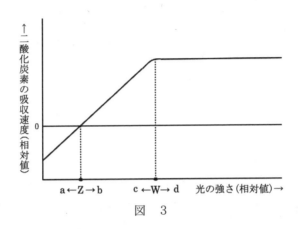

図 3

　暖温帯における遷移の過程では，スダジイはアカマツよりも オ に現れる。このため，図3のグラフがスダジイのものであると仮定したとき，図3中にアカマツにおける光の強さと二酸化炭素の吸収速度の関係を描いた場合，Zの値は カ の方向に，Wの値は キ の方向に移動すると考えられる。

	オ	カ	キ
①	前	a	c
②	前	a	d
③	前	b	c
④	前	b	d
⑤	後	a	c
⑥	後	a	d
⑦	後	b	c
⑧	後	b	d

第**5**回

理 科 ① 〔生 物 基 礎〕 $\left(\text{50点} \right)$

注 意 事 項

1 解答用紙に，正しく記入・マークされていない場合は，採点できないことがあります。特に，解答用紙の解答科目欄にマークされていない場合又は複数の科目にマークされている場合は，0点となります。

2 試験中に問題冊子の印刷不鮮明，ページの落丁・乱丁及び解答用紙の汚れ等に気付いた場合は，手を高く挙げて監督者に知らせなさい。

3 解答は，解答用紙の解答欄にマークしなさい。例えば， 10 と表示のある問いに対して③と解答する場合は，次の（例）のように解答番号10の解答欄の③にマークしなさい。

（例）

解答番号	解 答 欄
10	① ② ❸ ④ ⑤ ⑥ ⑦ ⑧ ⑨ ⓪ ⓐ ⓑ

4 問題冊子の余白等は適宜利用してよいが，どのページも切り離してはいけません。

5 **不正行為について**

① 不正行為に対しては厳正に対処します。

② 不正行為に見えるような行為が見受けられた場合は，監督者がカードを用いて注意します。

③ 不正行為を行った場合は，その時点で受験を取りやめさせ退室させます。

6 試験終了後，問題冊子は持ち帰りなさい。

生 物 基 礎

$$\left(\text{解答番号}\boxed{1}\sim\boxed{16}\right)$$

第 1 問 次の文章（**A・B**）を読み，後の問い（**問 1 ～ 6**）に答えよ。（配点　16）

A　ケンさんは，生物の授業で学んだ系統樹の図についてミドリさんと会話している。

ケ ン：今日の生物の授業では，(a)植物の系統樹について学んだんだ。樹木に似た形をしているから，系統樹というんだよ。ほら，この図を見てよ。

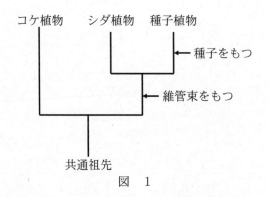

図　1

ミドリ：確かに樹木の形をしているね。この図の見方を教えてよ。

ケ ン：うん。例えば，「維管束をもつ」という特徴について考えてみると，植物の共通祖先の中から「維管束をもつ」生物が出現して，その生物がシダ植物と種子植物の共通祖先となったと考えるんだ。

ミドリ：なるほど。つまり，一度獲得された形質が進化の過程で失われないとすると，シダ植物と種子植物は，維管束をもつということなんだ

ね。同じように考えると，シダ植物と種子植物の共通祖先の中から「種子をもつ」生物が出現して，その生物が種子植物の共通祖先となったと考えられるね。

ケ　ン：その通り。(b)系統樹を見ると，生物の共通性と多様性がよく分かるよね。授業では生物のもつ特徴にもとづいた系統樹を学んだけれど，(c)DNA の塩基配列をもとに作成した系統樹もあるみたいだよ。

問1　下線部(a)について，次の記述ⓐ～ⓓのうち，植物のからだを構成する植物細胞に関する正しい説明はどれか。その組合せとして最も適当なものを，後の ① ～ ⓪ のうちから一つ選べ。　| 1 |

ⓐ　細胞膜の代わりに細胞壁をもつ。

ⓑ　動物細胞と比べて，液胞が大きく発達している。

ⓒ　植物細胞がもつ DNA を含む細胞小器官を大きいものから順に並べると，葉緑体，核，ミトコンドリアとなる。

ⓓ　ATP を合成する細胞小器官としてミトコンドリアのみを含む。

① ⓐ
② ⓑ
③ ⓒ
④ ⓓ
⑤ ⓐ, ⓑ
⑥ ⓐ, ⓒ
⑦ ⓑ, ⓒ
⑧ ⓑ, ⓓ
⑨ ⓐ, ⓑ, ⓒ
⓪ ⓑ, ⓒ, ⓓ

問2 下線部(b)に関連して，5種の生物（大腸菌，アオミドロ，スギゴケ，酵母，サンゴ）の系統樹を作成したところ，図2のようになった。会話文をふまえて，これらの生物の共通祖先が葉緑体を獲得した段階として最も適当なものを，図2中の ① ～ ⑥ のうちから一つ選べ。ただし，一度獲得された葉緑体は進化の過程で失われないものとする。 ┃ 2 ┃

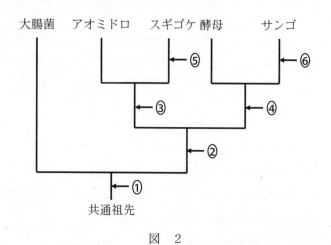

図　2

問3 下線部(c)について，DNA の塩基配列やタンパク質のアミノ酸配列を
もとに作成した系統樹を分子系統樹という。分子系統樹には，ミトコン
ドリアに含まれる DNA（mtDNA）を用いて作成するものもある。mtDNA
を利用した分子系統樹の作成について説明した次の文中の　　ア　　・
　　イ　　に入る語句の組合せとして最も適当なものを，後の ① ～ ⑥ の
うちから一つ選べ。　3　

ミトコンドリアは　　ア　　ことに加えて，核内の DNA よりもゲノム
サイズが小さいことから，分析しやすい。また，精子のミトコンドリア
は，受精の際に卵に進入すると分解されてしまう。このため, mtDNA を
利用することで，　　イ　　系の系統を調べることができる。

	ア	イ
①	すべての生物がもつ	父
②	すべての生物がもつ	母
③	一つの細胞に複数存在する	父
④	一つの細胞に複数存在する	母
⑤	呼吸の場である	父
⑥	呼吸の場である	母

B 多細胞生物のからだを構成する一部の細胞は，さかんに細胞分裂を行い，新しい細胞をつくっている。ある植物の根において，さかんに細胞分裂を行っている細胞群 X の細胞周期について調べるため，**実験 1** を行った。

実験 1 根から細胞群 X を取り出して液体培地に移し，DNA を蛍光色素で染色した。その後洗浄して，それぞれの細胞に紫外線を照射し，発する蛍光量を測定した。蛍光量と DNA 量が比例することを利用し，蛍光量から推定した細胞当たりの DNA 量（相対値）と細胞数の関係を示すと図 3 のようになった。

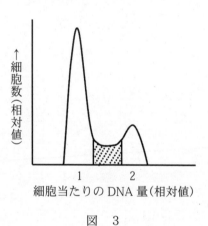

図　3

問4 **実験**1について，次の記述ⓔ〜ⓖのうち，図3から導かれる考察はどれか。その組合せとして最も適当なものを，後の ① 〜 ⑦ のうちから一つ選べ。 4

ⓔ S期の細胞は，図中の斜線部に含まれる。

ⓕ G_1 期の長さは，M期の長さよりも長い。

ⓖ M期の長さは，G_2 期の長さよりも短い。

① ⓔ   ② ⓕ   ③ ⓖ

④ ⓔ, ⓕ   ⑤ ⓔ, ⓖ   ⑥ ⓕ, ⓖ

⑦ ⓔ, ⓕ, ⓖ

問5 細胞群 X をある化合物 Y で処理し，**実験 1** と同様の実験を行ったところ，図4のような結果になった。この結果から導かれる化合物 Y の働きに関する記述として最も適当なものを，後の ① ～ ④ のうちから一つ選べ。 <u>5</u>

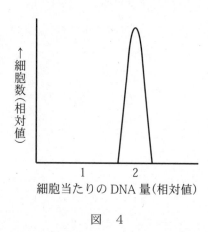

縦軸：← 細胞数（相対値）
横軸：細胞当たりの DNA 量（相対値）

図 4

① G₁ 期で細胞分裂を停止させる。

② S 期で細胞分裂を停止させる。

③ G₁ 期から S 期への移行を阻害する。

④ M 期から次の細胞周期の G₁ 期への移行を阻害する。

問6 ある化合物Zは，DNAの複製を阻害する働きをもつ。現在，この化合物Zは病気の治療薬としても利用されている。次の記述ⓗ～ⓙのうち，この化合物Zを治療薬として利用できると考えられる病気はどれか。その組合せとして最も適当なものを，後の①～⑦のうちから一つ選べ。

　6

ⓗ　すい臓のランゲルハンス島B細胞が破壊されることによるⅠ型糖尿病

ⓘ　甲状腺からのチロキシンの過剰な分泌によるバセドウ病

ⓙ　骨髄中の細胞ががん化して無秩序に増殖し，正常な血球が減少することによる白血病

① ⓗ　　　　　　② ⓘ　　　　　　③ ⓙ
④ ⓗ, ⓘ　　　　⑤ ⓗ, ⓙ　　　　⑥ ⓘ, ⓙ
⑦ ⓗ, ⓘ, ⓙ

第２問 次の文章（**A・B**）を読み，後の問い（問１〜５）に答えよ。（配点 17）

A マキコさんとミツルさんは，生物基礎の授業で習ったレプチンに関する **資料１**を見つけ，このことについて話し合った。

資料１ 体脂肪率と血中レプチン濃度の関係を調べるために，数人の被験者を用いてそれぞれの値を測定したところ，図１のようになった。

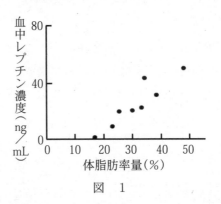

図　１

マキコ：この前の生物基礎の授業で，レプチンは血糖濃度を下げる働きがあると習ったよね。

ミツル：うん。血糖濃度を下げる働きをもつホルモンは ア だけと思っていたよ。

マキコ：僕も驚いたよ。レプチンは脂肪細胞から分泌されて，血糖濃度や体温の変化を感知する イ の摂食調節中枢に作用して，摂食を抑制するんだよね。

ミツル：よく覚えているね。でも，不思議だな。レプチンの働きを考えると，レプチン濃度が高いほど摂食は抑制されるはずだけど，レプチン濃度が高い人ほど体脂肪率は高いよね。

マキコ：体脂肪率の増加にともなって，レプチンに対する反応性が変化するのかもしれない。もう少し調べてみようよ。

問1 会話文中の ア ・ イ に入る語句の組合せとして最も適当なものを，次の ① ～ ⑥ のうちから一つ選べ。 7

	ア	イ
①	チロキシン	間脳視床下部
②	チロキシン	脳下垂体前葉
③	チロキシン	すい臓
④	インスリン	間脳視床下部
⑤	インスリン	脳下垂体前葉
⑥	インスリン	すい臓

二人はさらに文献を調べ，レプチンについて書かれた**資料2**を見つけた。

資料2 (a)レプチンの摂食調節には， イ の神経細胞で発現する酵素Xが関与する。酵素Xをコードする遺伝子Xを欠損したマウスと野生型マウスを同じ条件で生育し，継時的に体重を測定したところ，図2のようになった。

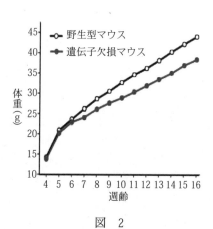

図 2

95

問2　下線部(a)について，次の記述ⓐ〜ⓓのうち，**資料1**の内容をふまえて，**資料2**から導かれる合理的な推論はどれか。その組合せとして最も適当なものを，後の ① 〜 ⑤ のうちから二つ選べ。ただし，解答の順序は問わない。| 8 |・| 9 |

① 酵素Xはレプチンの作用を抑制する働きをもつ。

② 野生型マウスにレプチンを注射すると，酵素Xの働きが低下する。

③ 遺伝子Xを欠損したマウスにレプチンを注射すると，体重は注射前よりもさらに低下する。

④ 遺伝子Xを過剰に発現したマウスにレプチンを注射すると，体重は野生型マウスより低下する。

⑤ 遺伝子Xの発現量が増加すると，体脂肪率が増加する。

B　ヒトの体内では常にがん細胞が生じているが，すぐにがんを発症することはない。これは，生じたがん細胞を_(b)NK細胞などの免疫細胞が排除しているためである。一方で，がん細胞には免疫細胞からの排除を逃れるしくみをもち，このしくみは免疫逃避とよばれる。近年の研究により，免疫逃避には，がん細胞が産生するタンパク質Xが関与することが分かってきた。免疫逃避について調べるために，**実験1〜実験3**を行った。

実験1　がん細胞が産生するタンパク質Xについて調べたところ，細胞膜上に存在するものと細胞外へと分泌されるものの2種類があった。

実験2　NK細胞の細胞膜上で発現するタンパク質について調べたところ，タンパク質Xと結合する受容体Yが存在した。

実験3　NK細胞を入れた3本の試験管を用意した。3本のうち1本はNK細胞のみ，1本はタンパク質Xを細胞外へと分泌しないがん細胞，残りの1本にはタンパク質Xを細胞外へと分泌しないがん細胞とタンパク質Xを入れた。各試験管におけるNK細胞の活性を調べたところ，図3のような結果になった。ただし，いずれのがん細胞にも細胞膜上にタンパク質Xは存在するものとする。

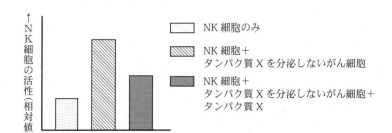

図　3

問 3　下線部(b)に関して，NK 細胞は自然免疫を担う細胞の一種であり，がん細胞など，体内の異常な細胞に直接作用して排除する。次の記述ⓐ〜ⓒのうち，がん細胞やウイルス感染細胞に直接作用して排除する細胞はどれか。それを過不足なく含むものを，後の①〜⑦のうちから一つ選べ。　| 10 |

ⓐ　形質細胞（抗体産生細胞）　　ⓑ　キラー T 細胞　　ⓒ　好中球

① ⓐ　　　　　　　　② ⓑ　　　　　　　　③ ⓒ

④ ⓐ, ⓑ　　　　　　⑤ ⓐ, ⓒ　　　　　　⑥ ⓑ, ⓒ

⑦ ⓐ, ⓑ, ⓒ

問5　次の記述ⓓ〜ⓕのうち，**実験1〜実験3**の結果から導かれる合理的な
　　推論はどれか。それを過不足なく含むものを，後の①〜⑦のうちから
　　一つ選べ。　11

ⓓ　NK細胞は，受容体Yを介してがん細胞の細胞膜上に存在するタン
　　パク質Xと結合することで活性化し，がん細胞に直接作用して排除
　　する。

ⓔ　がん細胞がタンパク質Xを細胞外へと分泌する場合，分泌された
　　タンパク質XがNK細胞の受容体Yに結合するため，NK細胞はがん
　　化した細胞に直接作用しにくくなる。

ⓕ　がん患者の血中タンパク質X濃度を低下させた場合，NK細胞はが
　　ん細胞に直接作用しやすくなる。

①　ⓓ　　　　　　②　ⓔ　　　　　　③　ⓕ
④　ⓓ, ⓔ　　　　⑤　ⓓ, ⓕ　　　　⑥　ⓔ, ⓕ
⑦　ⓓ, ⓔ, ⓕ

第３問 次の文章（**A・B**）を読み，後の問い（**問１〜４**）に答えよ。（配点　17）

A 　生態系はかく乱を受けても，その規模が復元力を超えない程度であれば，もとの生態系に戻る。一方で，外来種の爆発的な増加や火山の噴火などの復元力を超えた大規模なかく乱を受けると，もとの生態系に戻ることは難しい。生態系の復元力について調べるため，**調査１**が行われた。

調査１　舗装道路が開通した高林齢の森林において，道路開通後の５年後，15 年後，25 年後に道路からの距離が０ｍの地点（道路脇）から一定の距離における森林内の気温および湿度を測定したところ，図１のようになった。

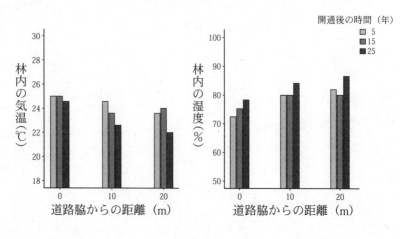

図　1

問1 道路の開通が森林内の非生物的環境に与える影響について，次の記述
ⓐ～ⓒのうち，**調査1**から導かれる合理的な推論はどれか。それを過不
足なく含むものを，後の①～⑦のうちから一つ選べ。 | 12 |

ⓐ 非生物的環境は，道路脇からの距離が近く，開通からの経過年数が
長い地点ほど，道路開通前の森林内の状態に近い。

ⓑ 道路を開通した直後における道路脇の気温は開通前よりも高く，湿
度は開通前よりも低くなる。

ⓒ 道路脇の植生は，道路の開通から25年経過すれば開通前と同程度
まで回復する。

① ⓐ   ② ⓑ   ③ ⓒ
④ ⓐ, ⓑ   ⑤ ⓐ, ⓒ   ⑥ ⓑ, ⓒ
⑦ ⓐ, ⓑ, ⓒ

問2 道路の開通が森林に生息する生物種に与える影響を調べるために，さ
らに**調査2**が行われた。**調査1**の内容をふまえて，**調査2**から導かれる
考察として適当なものを，後の①～⑦のうちから二つ選べ。ただし，
解答の順序は問わない。 | 13 | ・ | 14 |

調査2 **調査1**と同様に，道路開通後の5年後，15年後，25年後に道路
脇から一定の距離における外来種と在来種のアリの種数を調べたところ，
図2のような結果となった。

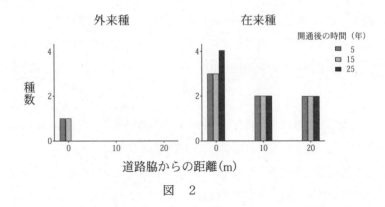

図　2

① 道路開通直後，道路脇には外来種は生息していない。

② 道路脇からの距離が離れるほど，在来種よりも外来種が多く生息するようになる。

③ いずれの調査場所でも，アリの個体数は外来種より在来種の方が多い。

④ 道路脇における在来種の種数は，外来種の存在によって制限されている可能性がある。

⑤ 道路脇からの距離が遠い地点において，外来種は一度も生息できなかった。

⑥ 道路脇における在来種の種数は，道路開通前よりも増加している可能性がある。

⑦ 今回の舗装道路の敷設は，大規模なかく乱である。

B　近年，人間活動による生態系への影響が懸念されている。ある湖において，ワカサギ，ウナギ，ミジンコの3種の生物に関する**調査1・調査2**が行われた。

調査1　1981年から2014年までワカサギ，ウナギの2種の年間漁獲量を調べたところ，図3のようになった。

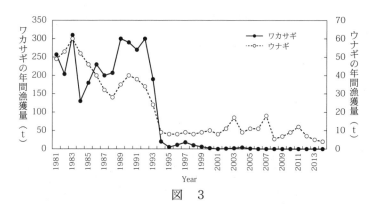

図　3

調査2　調査1と同じ湖においてミジンコの現存量を測定したところ，ミジンコの現存量は1993年を境に大幅に低下した。なお，この湖における動物プランクトンの9割がミジンコであり，主に植物プランクトンを捕食している。

問3 調査1・調査2の内容をふまえて，この湖における生物相に関する記述として最も適当なものを，次の ① 〜 ④ のうちから一つ選べ。
　　　 15

① ワカサギは主にミジンコを捕食している可能性がある。

② 1993年以前において，この湖におけるウナギの個体数はミジンコの個体数よりも多い。

③ この湖において，ミジンコはキーストーン種である。

④ この湖において，ミジンコは生産者として働く。

問4 次の記述ⓓ〜ⓕのうち，**調査2**において，1993年にミジンコが減少した原因に関する合理的な推論はどれか。それを過不足なく含むものを，後の ① 〜 ⑦ のうちから一つ選べ。 16

ⓓ ミジンコを主に捕食する外来生物が侵入した。

ⓔ ミジンコに特異的に作用する化学薬品が散布された。

ⓕ 富栄養化により，ミジンコの餌となる生物が激減した。

① ⓓ	② ⓔ	③ ⓕ
④ ⓓ, ⓔ	⑤ ⓓ, ⓕ	⑥ ⓔ, ⓕ
⑦ ⓓ, ⓔ, ⓕ		

東進 共通テスト実戦問題集 理科① 解答用紙

マーク例

良い例	悪い例
●	⦿ ◑ ○ ⊗

受験番号を記入し、その下のマーク欄にマークしなさい。

受験番号欄

千位	百位	十位	一位	英字
	⓪	⓪	⓪	Ⓐ
①	①	①	①	Ⓑ
②	②	②	②	Ⓒ
③	③	③	③	Ⓗ
④	④	④	④	Ⓚ
⑤	⑤	⑤	⑤	Ⓜ
⑥	⑥	⑥	⑥	Ⓡ
⑦	⑦	⑦	⑦	Ⓤ
⑧	⑧	⑧	⑧	Ⓧ
⑨	⑨	⑨	⑨	Ⓨ
	―	―	―	Ⓩ

氏名・フリガナ、試験場コードを記入しなさい。

フリガナ	
氏名	

試験場コード	十万位	万位	千位	百位	十位	一位

注意事項

1 訂正は、消しゴムできれいに消し、消しくずを残してはいけません。
2 所定欄以外にはマークしたり、記入したりしてはいけません。
3 汚したり、折りまげたりしてはいけません。

解答欄

解答番号	1	2	3	4	5	6	7	8	9	0	a	b
1	①	②	③	④	⑤	⑥	⑦	⑧	⑨	⓪	ⓐ	ⓑ
2	①	②	③	④	⑤	⑥	⑦	⑧	⑨	⓪	ⓐ	ⓑ
3	①	②	③	④	⑤	⑥	⑦	⑧	⑨	⓪	ⓐ	ⓑ
4	①	②	③	④	⑤	⑥	⑦	⑧	⑨	⓪	ⓐ	ⓑ
5	①	②	③	④	⑤	⑥	⑦	⑧	⑨	⓪	ⓐ	ⓑ
6	①	②	③	④	⑤	⑥	⑦	⑧	⑨	⓪	ⓐ	ⓑ
7	①	②	③	④	⑤	⑥	⑦	⑧	⑨	⓪	ⓐ	ⓑ
8	①	②	③	④	⑤	⑥	⑦	⑧	⑨	⓪	ⓐ	ⓑ
9	①	②	③	④	⑤	⑥	⑦	⑧	⑨	⓪	ⓐ	ⓑ
10	①	②	③	④	⑤	⑥	⑦	⑧	⑨	⓪	ⓐ	ⓑ

解答番号	1	2	3	4	5	6	7	8	9	0	a	b
11	①	②	③	④	⑤	⑥	⑦	⑧	⑨	⓪	ⓐ	ⓑ
12	①	②	③	④	⑤	⑥	⑦	⑧	⑨	⓪	ⓐ	ⓑ
13	①	②	③	④	⑤	⑥	⑦	⑧	⑨	⓪	ⓐ	ⓑ
14	①	②	③	④	⑤	⑥	⑦	⑧	⑨	⓪	ⓐ	ⓑ
15	①	②	③	④	⑤	⑥	⑦	⑧	⑨	⓪	ⓐ	ⓑ
16	①	②	③	④	⑤	⑥	⑦	⑧	⑨	⓪	ⓐ	ⓑ
17	①	②	③	④	⑤	⑥	⑦	⑧	⑨	⓪	ⓐ	ⓑ
18	①	②	③	④	⑤	⑥	⑦	⑧	⑨	⓪	ⓐ	ⓑ
19	①	②	③	④	⑤	⑥	⑦	⑧	⑨	⓪	ⓐ	ⓑ
20	①	②	③	④	⑤	⑥	⑦	⑧	⑨	⓪	ⓐ	ⓑ

解答番号	1	2	3	4	5	6	7	8	9	0	a	b
21	①	②	③	④	⑤	⑥	⑦	⑧	⑨	⓪	ⓐ	ⓑ
22	①	②	③	④	⑤	⑥	⑦	⑧	⑨	⓪	ⓐ	ⓑ
23	①	②	③	④	⑤	⑥	⑦	⑧	⑨	⓪	ⓐ	ⓑ
24	①	②	③	④	⑤	⑥	⑦	⑧	⑨	⓪	ⓐ	ⓑ
25	①	②	③	④	⑤	⑥	⑦	⑧	⑨	⓪	ⓐ	ⓑ
26	①	②	③	④	⑤	⑥	⑦	⑧	⑨	⓪	ⓐ	ⓑ
27	①	②	③	④	⑤	⑥	⑦	⑧	⑨	⓪	ⓐ	ⓑ
28	①	②	③	④	⑤	⑥	⑦	⑧	⑨	⓪	ⓐ	ⓑ
29	①	②	③	④	⑤	⑥	⑦	⑧	⑨	⓪	ⓐ	ⓑ
30	①	②	③	④	⑤	⑥	⑦	⑧	⑨	⓪	ⓐ	ⓑ

東進
共通テスト実戦問題集
生物基礎

解答解説編
Answer / Explanation

BASIC BIOLOGY

東進ハイスクール・東進衛星予備校 講師
緒方 隼平
OGATA Junpei

東進ブックス

はじめに

◆東進・生物科講師の緒方隼平よりご挨拶

　こんにちは。いきなりの質問ではあるが，DNA が二重らせん構造をしていることが解明されたのは今からどのくらい前か，皆さんは知っているだろうか？答えは 1953 年。それからまだ 100 年も経っていないのである。そう，「生物」はすごく "若い" 学問なのだ。簡単に言えば，わからないことだらけ。言い方を変えると，可能性に満ちあふれている。ある科学者の発見で，日々の生活が豊かになる。多くの命を救うことができる。地球を守ることだってできる。そんな生物という学問に魅了されて，少しでも多くの生徒に "生物の魅力" を知ってほしく，僕は日々授業をしている。今回は授業ではなく問題集という形になるが，この問題集が共通テスト対策のみならず，皆さんにとって生物に興味をもつキッカケになればと思っている。

◆本書の特徴

　本書には，オリジナル問題 5 回分と，その解答・解説を収録している。また，共通テスト「生物基礎」の出題傾向に加えて，2021 年〜 2023 年度に実施された共通テスト「生物基礎」の分析も記した。ぜひ（というよりも絶対！），具体的な対策を講じる上での参考にしていただきたい。

◆学習の指針

　共通テストでは，単に生物用語を問う知識問題ではなく，"思考力" を必要とする考察問題が出題される。だからと言って，基礎知識をおざなりにしてはいけない。英語の長文をスラスラ読むためには，英単語や英熟語を覚えておくことが必要だし，数学の問題をスラスラ解くためには，最低限の公式を覚えておくことが必要である。同じように，考察問題をスラスラ解くためには，教科書に出てくる基礎知識を正確に理解しておくことが欠かせない。基礎知識があることを前提につくられている共通テストの対策には，従来のセンター試験と比べると，より多くの時間が必要となる。だからこそ，今すぐに勉強に取りかかろう！

◆積極的に模試を受験しよう

　共通テスト初年度ではない皆さんは，先輩たちと比べて共通テストに対してより具体的な対策を講じることが可能である。しかし，共通テスト型でかつ過去問ではなくオリジナルの問題は本書以外にあまり多くないだろうから，実践的な演習をさらに積むために，東進の共通テスト本番レベル模試を受験することを強くお勧めする。模試の結果から自分の成績状況を客観的に把握できることに加え，各分野の習熟度を測ることもできる。できるだけ多くの模試を受験し，共通テスト独特の出題形式・問題内容・時間配分に十分に慣れた上で，自信をもって本番に臨もう。

◆最後に

　　　　「高ければ高い壁の方が，登ったとき気持ち良い」。

　どこかで聞いた台詞だが，本気でそう思う。くじけそうになったら，この台詞を思い出してほしい。とにかく真っ直ぐに，目標へ向かって進んでいこう。皆さんの合格を，心の底から祈っている。

2023 年 7 月　　緒方隼平

この画像をスマートフォンで読み取ると，ワンポイント解説動画が視聴できます（以下同）。

本書の特長

① 実戦力が身につく問題集

　本書では，膨大な資料を徹底的に分析し，その結果に基づいて共通テストと同じ形式・レベルのオリジナル問題を計5回分用意した。

　共通テストで高得点を得るためには，大学教育を受けるための基礎知識はもとより，思考力や判断力など総合的な力が必要となる。そのような力を養うためには，何度も問題演習を繰り返し，出題形式に慣れ，出題の意図をつかんでいかなければならない。本書に掲載されている問題は，その訓練に最適なものばかりである。本書を利用し，何度も問題演習に取り組むことで，実戦力を身につけていこう。

② 東進実力講師によるワンポイント解説動画

　「はじめに」と各回の解答解説冒頭（扉）に，ワンポイント解説動画のＱＲコードを掲載。スマートフォンなどで読み取れば，解説動画が視聴できる仕組みになっている。解説動画を見て，共通テストの全体概要や各大問の出題傾向をつかもう。

【解説動画の内容】

解説動画	ページ	解説内容
はじめに	3	共通テスト「生物基礎」の特徴
第1回	17	共通テスト「生物基礎」知識問題の傾向
第2回	33	共通テスト「生物基礎」考察問題の傾向①
第3回	47	共通テスト「生物基礎」考察問題の傾向②
第4回	59	共通テスト「生物基礎」計算問題の傾向
第5回	75	最後に…

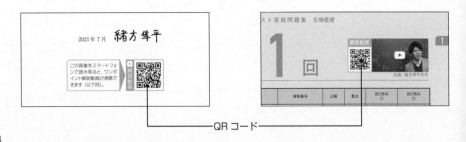

❸ 詳しくわかりやすい解説

　本書では，入試問題を解くための知識や技能が修得できるよう，様々な工夫を凝らしている。問題を解き，採点を行ったあとは，しっかりと解説を読み，復習を行おう。

【解説の構成】

❶解答一覧

正解と配点の一覧表。各回の扉に掲載。マークシートの答案を見ながら，自己採点欄に採点結果を記入しよう。

問題番号（配点）		設問	解答番号	正解	配点	自己採点①
第1問 (18)	A	問1	1	①		
		問2	2	①		
		問3	3	①		
	B	問4	4	①		
		問5	5	①		
		問6	6	①		
		小計 (18点)				
第2問 (16)	A	問1	7	①		
		問2	8	①		
		問3	9	①		
	B	問4	10	①		
		問5	11	①		
		小計 (16点)				

❷解説

設問の解説に入る前に，「出題分野」と「出題のねらい」を説明する。まずは，こちらを確認して出題者の視点をつかもう。設問ごとの解説では，知識や解き方をわかりやすく説明する。

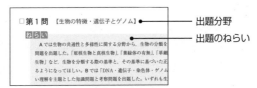

　　　　　　　　　　　　　── 出題分野
　　　　　　　　　　　　　── 出題のねらい

5

本書の使い方

別冊 問題編

　本書は，別冊に問題，本冊に解答解説が掲載されている。まずは，別冊の問題を解くところから始めよう。

❶ 注意事項を読む

◀**問題編 扉**

問題編各回の扉に，問題を解くにあたっての注意事項を掲載。本番同様，問題を解く前にしっかりと読もう。

─ 注意事項

❷ 問題を解く

◀**問題（全5回収録）**

「理科基礎」の試験時間は2科目で60分なので，1科目あたり30分を目処に解答すること。

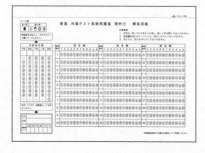

◀**マークシート**

解答は本番と同じように，付属のマークシートに記入するようにしよう。複数回実施するときは，コピーをして使おう。

本冊 　　　　解答解説編

① 採点をする／ワンポイント解説動画を視聴する

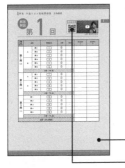

◀**解答解説編 扉**

各回の扉には，正解と配点の一覧表が掲載されている。問題を解き終わったら，正解と配点を見て採点しよう。また，右上部のQRコードをスマートフォンなどで読み取ると，著者によるワンポイント解説動画を見ることができる。

── 配点表

── QRコード（扉のほかに，「はじめに」にも掲載）

② 解説を読む

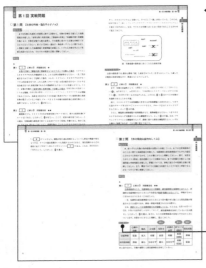

◀**解答解説**

解説を熟読してから，該当する分野の教科書を開いてみよう。教科書の中で「理解できているところ」と「理解できていないところ」が鮮明になるはずだ。そのうえで，解けなかった問題はどの知識が欠けて解けなかったのかを分析しよう。

── 要点整理，一歩深く！，ブレイクタイム
（問題を解くうえで，おさえておきたい点など）

③ 復習する

再びタイマーを30分に設定して，マークシートを使いながら解き直そう。

目次

はじめに ………………………………………………………………………… 2

本書の特長 ……………………………………………………………………… 4

本書の使い方 …………………………………………………………………… 6

特集①〜共通テストについて〜 ……………………………………………… 9

特集②〜共通テスト「生物基礎」の傾向と対策〜 ………………………12

第1回 実戦問題

解答一覧 ………………………………………………………………………17

解説本文 ………………………………………………………………………18

第2回 実戦問題

解答一覧 ………………………………………………………………………33

解説本文 ………………………………………………………………………34

第3回 実戦問題

解答一覧 ………………………………………………………………………47

解説本文 ………………………………………………………………………48

第4回 実戦問題

解答一覧 ………………………………………………………………………59

解説本文 ………………………………………………………………………60

第5回 実戦問題

解答一覧 ………………………………………………………………………75

解説本文 ………………………………………………………………………76

特集①～共通テストについて～

❶ 大学入試の種類

　大学入試は「**一般選抜**」と「**特別選抜**」に大別される。一般選抜は高卒（見込）・高等学校卒業程度認定試験合格者（旧大学入学資格検定合格者）ならば受験できるが，特別選抜は大学の定めた条件を満たさなければ受験できない。

❶一般選抜

　一般選抜は 1 月に実施される「**共通テスト**」と，主に 2 月から 3 月にかけて実施される大学独自の「**個別学力検査**」（以下，**個別試験**）のことを指す。国語，地理歴史（以下，地歴），公民，数学，理科，外国語といった学力試験による選抜が中心となる。

　国公立大では，1 次試験で共通テスト，2 次試験で個別試験を課し，これらを総合して合否が判定される。

　一方，私立大では，大きく分けて①個別試験のみ，②共通テストのみ，③個別試験と共通テスト，の 3 通りの型があり，②③を「**共通テスト利用方式**」と呼ぶ。

❷特別選抜

　特別選抜は「**学校推薦型選抜**」と「**総合型選抜**」に分かれる。

　学校推薦型選抜とは，出身校の校長の推薦により，主に調査書で合否を判定する入試制度である。大学が指定した学校から出願できる「**指定校制推薦**」と，出願条件を満たせば誰でも出願できる「**公募制推薦**」の大きく 2 つに分けられる。

　総合型選抜は旧「ＡＯ入試」のことで，大学が求める人物像（アドミッション・ポリシー）と受験生を照らし合わせて合否を判定する入試制度である。

　かつては原則として学力試験が免除されていたが，近年は学力要素の適正な把握が求められ，国公立大では共通テストを課すことが増えてきている。

❷ 共通テストの基礎知識

　2021 年度入試（2021 年 1 月実施）より「大学入試センター試験」（以下，センター試験）に代わって始まった共通テストは，「独立行政法人 大学入試センター」が運営する**全国一斉の学力試験**である。

❶センター試験からの変更点

　大きな変更点としては，①英語でリーディングとリスニングの**配点比率が一対一になったこと**（各大学での合否判定における点数の比重は，大学によって異なるので注意），②今までの「知識・技能」中心の出題だけではなく**「思考力・判断力・表現力」**を評価する出題が追加されたこと，の 2 つが挙げられる。

　少子化や国際競争が進む中，2013 年に教育改革の提言がなされ，大学入試改革を含む教育改革が本格化した。そこでは，これからの時代に必要な力として，①知識・技能の確実な修得，②（①をもとにした）思考力・判断力・表現力，③主体性を持って多様な人々と協働して学ぶ態度，の**「学力の 3 要素」**が必要とされ，センター試験に代わって共通テストでそれらを評価するための問題が出題されることとなった。

❷出題形式

　共通テストは，旧センター試験と同様の**マークシート方式**である。選択肢から正解を選び，マークシートの解答番号を鉛筆で塗りつぶしていくが，マークが薄かったり，枠内からはみ出ていたりする場合には機械で読み取れないことがある。また，マークシートを提出せず持ち帰ってしまった場合は 0 点になる。このように，正解しても得点にならない場合があるので注意が必要だ。

　なお，共通テストの実際の成績がわかるのは大学入試が終わったあとになる。そのため，**自分の得点は自己採点でしか把握できない**。国公立大入試など，共通テストの自己採点結果をもとに出題校を決定する場合があるので，必ず問題冊子に自分の解答を記入しておこう。

❸出題教科・科目の出題方法（2023 年度入試）

教科	出題科目	出題方法等	科目選択の方法等	試験時間 （配点）
国語	『国語』	「国語総合」の内容を出題範囲とし，近代以降の文章，古典（古文，漢文）を出題する。		80分（200点）
地理 歴史 公民	「世界史A」「世界史B」 「日本史A」「日本史B」 「地理A」「地理B」 「現代社会」「倫理」 「政治・経済」 『倫理，政治・経済』	『倫理，政治・経済』は，「倫理」と「政治・経済」を総合した出題範囲とする。	左記出題科目の10科目のうちから最大2科目を選択し，解答する。 ただし，同一名称を含む科目の組合せで2科目を選択することはできない。なお，受験する科目数は出願時に申し出ること。	〈1科目選択〉 60分（100点） 〈2科目選択〉 130分（うち解答時間 120分）（200点）
数学①	『数学Ⅰ』 『数学Ⅰ・数学A』	『数学Ⅰ・数学A』は，「数学Ⅰ」と「数学A」を総合した出題範囲とする。ただし，次に記す「数学A」の3項目の内容のうち，2項目以上を学習した者に対応した出題とし，問題を選択解答させる。〔場合の数と確率，整数の性質，図形の性質〕	左記出題科目の2科目のうちから1科目を選択し，解答する。	70分（100点）
数学②	『数学Ⅱ』 『数学Ⅱ・数学B』 『簿記・会計』 『情報関係基礎』	『数学Ⅱ・数学B』は，「数学Ⅱ」と「数学B」を総合した出題範囲とする。ただし，次に記す「数学B」の3項目の内容のうち，2項目以上を学習した者に対応した出題とし，問題を選択解答させる。〔数列，ベクトル，確率分布と統計的な推測〕 『簿記・会計』は，「簿記」及び「財務会計Ⅰ」を総合した出題範囲とし，「財務会計Ⅰ」については，株式会社の会計の基礎的事項を含め，【財務会計の基礎】を出題範囲とする。 『情報関係基礎』は，専門教育を主とする農業，工業，商業，水産，家庭，看護，情報及び福祉の8教科に設定されている情報に関する基礎的科目を出題範囲とする。	左記出題科目の4科目のうちから1科目を選択し，解答する。ただし，科目選択に当たり，『簿記・会計』及び『情報関係基礎』の問題冊子の配布を希望する場合は，出願時に申し出ること。	60分（100点）
理科①	「物理基礎」 「化学基礎」 「生物基礎」 「地学基礎」		左記出題科目の8科目のうちら下記のいずれかの選択方法により科目を選択し，解答する。 A：理科①から2科目 B：理科②から1科目 C：理科①から2科目及び理科②から1科目 D：理科②から2科目 なお，受験する科目の選択方法は出願時に申し出ること。	【理科①】 〈2科目選択〉 60分（100点） 【理科②】 〈1科目選択〉 60分（100点） 〈2科目選択〉 130分（うち解答時間 120分）（200点）
理科②	「物理」 「化学」 「生物」 「地学」			
外国語	『英語』『ドイツ語』 『フランス語』 『中国語』『韓国語』	『英語』は，「コミュニケーション英語Ⅰ」に加えて「コミュニケーション英語Ⅱ」及び「英語表現Ⅰ」を出題範囲とし，【リーディング】と【リスニング】を出題する。 なお，【リスニング】には，聞き取る英語の音声を2回流す問題と，1回流す問題がある。	左記出題科目の5科目のうちから1科目を選択し，解答する。ただし，科目選択に当たり，『ドイツ語』，『フランス語』，『中国語』及び『韓国語』の問題冊子の配布を希望する場合は，出願時に申し出ること。	『英語』 【リーディング】 80分（100点） 【リスニング】 60分（うち解答時間 30分）（100点） 『ドイツ語』『フランス語』『中国語』『韓国語』 【筆記】 80分（200点）

【備考】 1 「 」で記載されている科目は，高等学校学習指導要領上設定されている科目を表し，『 』はそれ以外の科目を表す。
　　2 地理歴史及び公民の「科目選択の方法等」欄中の「同一名称を含む科目の組合せ」とは，「世界史A」と「世界史B」，「日本史A」と「日本史B」，「地理A」と「地理B」，「倫理」と『倫理，政治・経済』及び「政治・経済」と『倫理，政治・経済』の組合せをいう。
　　3 地理歴史及び公民並びに理科②の試験時間において2科目を選択する場合は，解答順に第1解答科目及び第2解答科目に区分し各60分間で解答を行うが，第1解答科目と第2解答科目の間に答案回収等を行うために必要な時間を加えた時間を試験時間とする。
　　4 理科①については，1科目のみの受験は認めない。
　　5 外国語において『英語』を選択する受験者は，原則として，リーディングとリスニングの双方を解答する。
　　6 リスニングは，音声問題を用い30分間で解答を行うが，解答開始前に受験者に配付したICプレーヤーの作動確認・音量調節を受験者本人が行うために必要な時間を加えた時間を試験時間とする。

特集②～共通テスト「生物基礎」の傾向と対策～

　ここでは，過去に実施された共通テスト（2021～2023年度）本試験の⓪出題傾向，①年度ごとの分析に加えて，②知識問題の分析，③考察問題の分析，④計算問題の分析，⑤その他の特筆点を記す。なお，①～⑤の詳細は，「解説動画」を確認してほしい。

⓪共通テスト「生物基礎」の出題傾向

　共通テストでは，教科書内容の知識を活用しながら図や表を解析する力，いわゆる"思考力"が求められており，従来のセンター試験と比べて問題文や設問文の分量が多いのが特徴である。

①問題構成　大問3題で構成されており，各大問はA・Bの2つに分かれている。設問数は15～16個，総マーク数は16～18個になると考えられる。

②問題内容　「生物と遺伝子」・「生物の体内環境」・「生物の多様性と生態系」の3分野で構成されており，それぞれの分野から各大問が出題される。このため，全ての分野を満遍なく学習する必要がある。

①年度ごとの分析

◆ 2021年度本試験（第一回共通テスト）　平均点：**29.17**点

大問	設問数	マーク数	出題内容	難易度
第1問 (18)	6	6	A：生物の特徴，代謝とエネルギー	★★
			B：遺伝情報とタンパク質の合成	★★
第2問 (16)	5	5	A：体液成分の濃度調節	★★
			B：自然免疫と適応免疫	★

| 第3問
(16) | 5 | 5 | A：世界のバイオームとその特徴 | ★★ |
| | | | B：生態系のバランスと保全 | ★★ |

難易度　易：★，標準：★★，難：★★★

コメント：全体的に解きやすい問題が多かった。第1問について，問2の"間違い探し"や問3の"パズルの組み合わせ"は真新しい問題であったが，問題自体は難しくないため，失点した受験生はこの単元をよく復習しておこう。第2問について，生物基礎で40点以上を狙うような受験生は，問2を正解できる力を養おう。第3問について，問3は良問。問3を利用して，硬葉樹林と夏緑樹林が成立する気候の違いを学んでほしい。

◆ 2022年度本試験（第二回共通テスト）　　平均点：**23.90**点

大問	設問数	マーク数	出題内容	難易度
第1問 (19)	6	6	A：代謝と酵素，代謝とエネルギー	★★★
			B：遺伝子とゲノム，DNAの抽出実験	★★★
第2問 (16)	5	6	A：パルスオキシメーター，酸素解離曲線	★★★
			B：自然免疫と適応免疫	★★
第3問 (15)	5	5	A：日本のバイオーム，陽樹と陰樹	★★
			B：生態系内の窒素循環	★

難易度　易：★，標準：★★，難：★★★

コメント：二回目の共通テストということもあってか，初年度（一回目）よりも難化した。第1問について，問3と問4は難しい。生物基礎で40点以上を狙うような受験生は，最低でもどちらか一方は正解したい。また，問5の計算問題は問われている内容を正確に読み取らないと正答できない問題。同様の問題は今後も出題される可能性があるので，失点した受験生はよく復習しておこう。第2問について，問1は問題文とデータを組み合わせて理解する必要があり，かなり難しい。理系でも苦労する問題。きちんと理解した上で正解できた受験生は，自分を褒めてあげよう。第3問は全体的に解きやすい問題が多いため，ここでの失点はできるだけ避けたい。

大問	設問数	マーク数	出題内容	難易度
第1問 (16)	5	5	A：細胞にみられる共通性，細胞内共生	★★
			B：DNA の複製，細胞周期	★★
第2問 (17)	5	7	A：リパーゼと胆汁の関係	★★
			B：自然免疫と適応免疫	★★
第3問 (17)	5	6	A：生態系の保全，生態系内の窒素循環	★★
			B：世界のバイオームとその特徴	★★

難易度　易：★，標準：★★，難：★★★

コメント：二回目の共通テストで平均点がかなり低かったこともあり，二回目よりもやや易化した。第1問は全体的に解きやすい問題が多いため，生物基礎で40点以上を狙うような受験生は，ぜひとも満点を狙いたい。第2問について，本書を手に取った受験生には，問1・問2を確実に正答できるようになってほしい。同様の問題は今後も確実に出題されると考えられる。第3問について，問3は教科書の基礎知識をもとに水槽の生態系を考察させる良問。問4・問5で失点した受験生は，バイオームの特徴を理解し直そう。

②知識問題の分析

　まず，2022 年第1問・問1の①の選択肢を見てみよう。

> 問1　下線部(a)に関する記述として誤っているものを，次の①〜⑤のうちから一つ選べ。　1
>
> ①　化学反応を促進する触媒として働く。

　この問題は酵素に関する記述として「誤っているもの」が問われており，①の選択肢は酵素の性質として正しいため，不適である。
　次に，2023 年第1問・問1の①の選択肢を見てみよう。

問 1 　下線部(a)に関連して，原核細胞と真核細胞の比較に関する記述として最も
　　適当なものを，次の①～⑤のうちから一つ選べ。 ⬚1

　　① 　核酸は，原核細胞にも真核細胞にも存在するが，核酸を構成する塩基の
　　　種類は両者で異なる。

　この問題は細胞の特徴に関する記述として「最も適当なもの」が問われている。
ここで，①の選択肢を検討すると，核酸はいずれの細胞にも存在し，また，いず
れの細胞も核酸を構成する塩基の種類は同じである。すなわち，前半部分は正し
いが，後半部分の記述に誤りがあるため，不適である。
　上記二つの問題を比較すると，正誤判断すべき内容が2022年の問題は一つで
あるが，2023年の問題は二つであることがわかる。実際，2023年の残りの選択
肢も，すべて二つの内容を正誤判断しなければならなかった。このように，知識
問題でも正確かつ十分な知識がないと正答できないような問題が増える可能性が
高いため，共通テストで高得点を取るためには，教科書内容をより正確に理解す
る必要がある。

③考察問題の分析

　共通テストでは，さまざまなタイプの考察問題が出題される。2022年第1問・
問3や2023年第1問・問4のように，基礎知識をもとに問題文のみから解答を
検討する問題もあれば，2021年第3問・問3や2023年第3問・問5のように，
基礎知識をもとに問題文と図を組み合わせて解答を検討する問題もある。**共通テ
ストでは，考察問題が主体となる。**本書や模試を通して，さまざまな種類の考察
問題に触れておこう。なお，先述したが，2023年第2問Aのような「ある結論
を得るために必要な実験を選択する」問題は今後も出題される可能性は高いため，
きちんと復習しておこう。

④計算問題の分析

2021年～2023年に出題された計算問題をまとめると，下表のようになる。

年度	大問	解答番号	出題内容	難易度
2021	1	5	アミノ酸数の計算	★
2022	1	5	DNA量の数値	★★
2022	2	9	酸素解離曲線	★★
2023	1	3	DNAの複製	★★

　表を見ると，共通テストが始まって以降，計算問題は必ず出題されている。しかし，いずれもそこまで難度は高くない。また，高い計算力も要求されない。これらの計算問題は，いわゆる"公式"のようなものに当てはめて解答するというよりは，問題文をきちんと読んで正確に理解し，公式を用いずに自ら計算式を作成する必要がある。本書や模試を通して，問題文や図から計算式を導く練習をしておこう。

⑤その他の特筆点

・第1問の配点を他の大問と比較すると，2023年は最も低かったが，それ以前は最も高かった。このように，各大問の配点は年度によって異なる。「生物基礎」で高得点を狙う場合，第1問に相当する分野のみならず，第2問・第3問に相当する分野も十分に学習しておく必要がある。

・会話文形式の問題が出題される。会話文には解答するためのヒントが必ず記述されているため，文章を丁寧に読み，会話文から解答のヒントを確実に抽出する必要がある。

・2021年第3問・問4は生体防御（⇒本来は第2問の出題内容），2023年第3問・問1は代謝とエネルギー（⇒本来は第1問の出題内容）などのように，分野をまたいだ問題が出題される可能性がある。

解答
解説

第 1 回

解説動画

出演：緒方準平先生

問題番号(配点)	設問		解答番号	正解	配点	自己採点①	自己採点②
第1問 (18)	A	問1	1	⑥	3		
		問2	2	⑨	3		
		問3	3	③	3		
	B	問4	4	①	3		
		問5	5	②	3		
		問6	6	②	3		
		小計 (18 点)					
第2問 (16)	A	問1	7	③	3		
		問2	8	⑤	3		
	B	問3	9	⑤	3		
		問4	10	②	3		
		問5	11	③	4		
		小計 (16 点)					
第3問 (16)	A	問1	12	③	3		
		問2	13	④	4		
	B	問3	14	②	3		
		問4	15	⑧	3		
		問5	16	①	3		
		小計 (16 点)					
		合計 (50 点満点)					

第1回 実戦問題

□ 第1問 【生物の特微・遺伝子とゲノム】

ねらい

　　Aでは生物の共通性と多様性に関する分野から，生物の分類を主題とした知識問題を出題した。「原核生物と真核生物」，「葉緑体の有無」，「単細胞生物と多細胞生物」など，生物を分類する際の基準を押さえ，その基準に基づいた正確な分類をできるようになってほしい。Bでは「DNA・遺伝子・染色体・ゲノム」に関する正しい理解を主題とした知識問題と考察問題を出題した。いずれも生物を学ぶ上で重要な用語であるため，それぞれの用語を正確に理解してほしい。

解説

A

問1　| 1 |　正解は ⑥　問題難易度 ★

　　まず，6種の生物を「原核生物と真核生物」で分類した場合，原核生物は大腸菌とユレモの2種類，真核生物は酵母・ゾウリムシ・ミドリムシ・オオカナダモの4種類であることから，会話文3行目のエッコの台詞「両方のグループに原核生物と真核生物が混ざっている」の通り，グループXとYの分類は原核生物と真核生物という基準ではない。次に，6種の生物を「細胞内部に葉緑体をもつかどうか」で分類する。葉緑体は真核生物にのみ含まれることを踏まえると，ミドリムシとオオカナダモのみが葉緑体をもち，これら以外は葉緑体をもたない（ユレモも光合成を行うが，原核生物であるため葉緑体をもたないことに注意しよう！）。一方，「光合成を行うかどうか」で分類した場合，グループYは光合成を行うが，グループXは光合成を行わない。したがって，⑥ が正しい。

問2　| 2 |　正解は ⑨　問題難易度 ★★

　　選択肢のうち，イトミミズのみが真核生物（グループW）で，残りは原核生物（グループZ）である。したがって，⑨ が正しい。ここで，次頁の図を見てほしい。この図は，生物基礎の教科書で出てくるほぼすべての「原核」生物である。何かに気づくだろうか（気づいてほしい！）。原核生物は，「シアノバクテリアやアゾトバク

ター，クロストリジウム」を除いて，すべてに「〜菌」が付いている。このため，原核生物は「〜菌」＋「シアノバクテリア・アゾトバクター・クロストリジウム」と覚えておけばよい（例外はあるが，その場合は判断するためのヒントが問題文に必ず記述されている）。なお，ウイルスは生物とはいえない存在であることも合わせて覚えておこう。

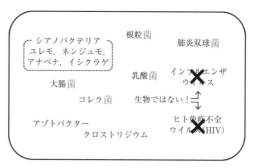

図　生物基礎の教科書に出てくる主な原核生物

ブレイクタイム▶

　以前の教科書では，酵母も酵母「菌」と表記されていた（まぎらわしい！）。酵母は真核生物なので，間違えないようにしよう。

問3　　3　　正解は ③　問題難易度　★

　まず，生物の共通性として，(i)細胞からなる，(ii)遺伝子の本体として DNA をもつ(⑤)，(iii)生殖を行う，(iv)代謝を行い，生命活動のエネルギーである ATP を合成する(④)，(v)恒常性を保つなどがあげられる。このため，④ と ⑤ はすべての生物の共通性であることから不適である。

　次に，ミトコンドリアは真核細胞に含まれるが原核細胞には含まれない。つまり，真核生物であるグループ W はすべてミトコンドリアをもち，原核生物であるグループ Z はミトコンドリアをもたない。よって ① は不適である。

　さらに，細胞壁は動物細胞はもたないものの，植物細胞と原核細胞はいずれももつ。つまり，オオカナダモのみならず大腸菌やユレモも細胞壁をもつ。よって ② は不適である。なお，ゾウリムシやミドリムシは細胞壁をもたず，酵母は細胞壁をもつ。いずれも細かい知識であるが，これを機に覚えておこう。

　最後に，被子植物であるオオカナダモは多細胞生物であるが，それ以外はすべて単細胞生物であるため，③ が適する。③ もやや細かい知識であるが，③ 以外を不適と判断できれば③ を解答できる。ピンポイントに正解を導く力も必要であるが，消去法で正解を導く力も養ってほしい。なお，ゾウリムシとミドリムシは単細胞からなる単核生物であり，肉眼で観察できる。

B

問4　　4　　正解は ①　問題難易度　★

　次頁の図を見ながら，「DNA・遺伝子・染色体・ゲノム」を理解してほしい。卵や精子の合体によって新個体が生じることを有性生殖という(有性生殖という用語は中学理科でも扱っている)。

　ここで，1個の精子に着目する。精子の中には，約 3.0×10^9 塩基対からなる DNA が含まれており，この中には約 2.0×10^4 個の遺伝情報が記録されている。このうち，すべての領域が遺伝子として機能するのではなく，DNA 全体の 1 ～ 2 ％程度しか遺伝子として機能しないと考えられている。なお，遺伝子は「DNA のうち，タンパク質を指定する領域」と考えておけばよいだろう。

　次に，染色体について考える。DNA はタンパク質に巻き付いた状態で糸状になり，23 本に分かれて存在している。この糸状の構造体が染色体である。このとき，23 本の染色体に存在するすべての遺伝子を一つのまとまりとしたものが「ゲノム」であり，ゲノムとは「生物の生存や発生に必要なすべての遺伝情報」と定義される。

　今は精子について着目したが，卵についても同様である。つまり，精子や卵に含まれるすべての遺伝情報がゲノムの 1 セットであり，体細胞には 2 セットのゲノム(46 本の染色体)が含まれることがわかるだろう。両親から受け継いだ 46 本の染色体には同形同大の染色体が含まれており，これらを相同染色体という。すなわち，体細胞は 23 対の相同染色体を含む。

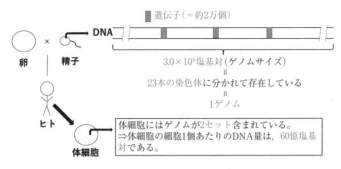

図　DNA・遺伝子・染色体・ゲノム

　上述の内容を踏まえて解答を検討すると，1個の体（　ウ　）細胞には大きさと
形が同じ相同染色体が2本ずつあり，父親と母親に由来する23（　エ　）対の相同
染色体が含まれる。このうち，ヒトゲノムは体細胞ではなく生殖（　オ　）細胞に含
まれる23（　カ　）本の染色体に含まれるすべての遺伝情報である。

　したがって，①が正しい。

問5　⑤　正解は②　問題難易度　★★

　ⓔについて，シロイヌナズナとヒトの関係を見るとわかりやすい。シロイヌナズ
ナのゲノムの大きさは，$\frac{1.3 \times 10^8}{2.7 \times 10^4} \fallingdotseq 4.8 \times 10^3$ より，遺伝子数の約 5×10^3 倍である。
比例関係にあるならば，ヒトの遺伝子数（約2万）の約 5×10^3 倍がゲノムの大きさ
になるが，実際は$\frac{3.0 \times 10^9}{2.0 \times 10^4} = 1.5 \times 10^5$ より，1.5×10^5 倍であることから，誤りであ
る。

　ⓕについて，遺伝子密度の定義をもとにそれぞれの値を求めると，大腸菌は
$\frac{1.0 \times 10^6 \times 4500}{4.6 \times 10^6} \fallingdotseq 978$，シロイヌナズナは$\frac{1.0 \times 10^6 \times 2.7 \times 10^4}{1.3 \times 10^8} \fallingdotseq 208$，ヒトは
$\frac{1.0 \times 10^6 \times 2.0 \times 10^4}{3.0 \times 10^9} \fallingdotseq 7$ となるので，正しい。

　ⓖについて，からだの大きさはシロイヌナズナよりもヒトの方が大きいが，遺伝
子数はシロイヌナズナよりもヒトの方が少ないことから，誤りである。

　したがって，ⓕのみが正しいことから，②を選ぶ。

問6　　6　　正解は ②　問題難易度　★

　　多細胞生物のからだを構成するすべての細胞は，1個の受精卵が体細胞分裂をして生じたものである。細胞内に含まれる遺伝情報は，体細胞分裂の前後で変化しないことから，からだを構成するすべての細胞は，基本的に同じ（　キ　）ゲノムをもつ。また，細胞が同じ遺伝情報をもっていても特定の機能や形をもつのは，すべての遺伝情報が常に発現するわけではなく，発生段階やからだの部位に応じて発現する遺伝子が異なる（　ク　）ためである。これを，選択的遺伝子発現という。したがって，②を選ぶ。

□ 第2問 【体内環境の維持のしくみ】

ねらい

A，Bいずれも生物の体内環境の分野から出題している。Aでは自律神経系のはたらきに関する知識問題を出題した。交感神経と副交感神経がそれぞれの器官にどのように作用するかを，これを機にきちんと理解してほしい。特に，気管支とぼうこう（排尿），消化活動については頻出である。Bでは肝臓を主題とした知識問題と考察問題を出題した。肝臓については，多岐にわたるその役割を正確に理解してほしい。また，問5では「どの実験」を比較することで「何を」考察できるかを一つずつ丁寧に理解してほしい。

解説

A

問1 　7　　正解は ③　問題難易度 ★★

自律神経系のうち，交感神経は主に活動時，副交感神経は安静時にはたらく。活動時は交感神経のはたらきにより気管支が拡張（収縮ではない！）し，呼吸がさかんに行われるようになる（ⓒは正しい）。

一方，安静時は副交感神経のはたらきにより胃や腸のぜん動による消化活動が促進される（ⓑは誤り）ほか，排尿・排便が促進される（ⓐは誤り）。

なお，部位によっては交感神経のみが接続している。たとえば，皮膚の血管や立毛筋，汗腺は交感神経しか分布しておらず，副交感神経は分布していない（ⓓは誤り）。したがって，③ を選ぶ。以下に，ヒトの自律神経系の分布とそのはたらきについて示す。本番までにきちんと理解し，覚えておこう。

要点整理▶

	心臓の拍動	瞳孔	立毛筋	気管支	皮膚の血管	ぼうこう（排尿）	消化活動
交感神経	促進	拡大	収縮	拡張	収縮	拡張（抑制）	抑制
副交感神経	抑制	縮小	分布せず	縮小	分布せず	収縮（促進）	促進

※上表のほかに，汗腺や副腎にも副交感神経は分布していない。

問2 | 8 | 正解は ⑤ 問題難易度 ★

　運動直後は運動前と比べて心拍数が上がる。駆け足などの激しい運動によって呼吸がさかんになると，血液中の二酸化炭素濃度が増加し，これが延髄(ⓕ)にある心臓の拍動中枢に感知されて交感神経がはたらくようになる。交感神経は心臓の右心房上部(Ⅰ)に位置するペースメーカー(洞房結節)に接続しており，交感神経のはたらきによって心拍数が上がる。したがって，⑤を選ぶ。

B

問3 | 9 | 正解は ⑤ 問題難易度 ★

　まず，動脈と静脈，動脈血と静脈血について確認する。心臓を起点とし，心臓から出る血液が流れる血管は動脈，心臓に向かう血液が流れる血管は静脈である。これに対して，酸素を多く含んだ血液を動脈血，酸素をあまり含んでいない血液を静脈血という。似たような用語であるが，動脈や静脈は血管の名称，動脈血や静脈血は血液の名称であるので注意しておこう。これらを踏まえて解答する。

　ⓖについて，腎臓から出る血液が流れる血管を腎静脈という。腎静脈には，腎臓の細胞の呼吸により生じた二酸化炭素が多く含まれており，酸素はあまり含まれない。すなわち，腎静脈には静脈血が流れていることから，正しい。

　ⓗについて，ヒトの場合，肺でガス交換が行われる。肺静脈には肺から心臓に向かう血液が流れており，血液中にはガス交換によって体外から得た酸素が多く含まれている。すなわち，肺静脈には動脈血が流れていることから，誤り。

　ⓘについて，肝動脈や肝門脈を通って肝臓に流入した血液は，肝小葉を通る。肝小葉の毛細血管では，血液と肝細胞の間で物質のやり取りが行われており，血液からは酸素やグルコースなどが肝細胞へと供給され，肝細胞からは二酸化炭素や尿素などが血液へと放出される。このため，肝小葉の毛細血管を流れる血液が集まる中心静脈には，肝細胞の呼吸により生じた二酸化炭素が多く含まれ，酸素はあまり含まれない。すなわち，中心静脈には静脈血が流れていることから，正しい。

　以上のことから，⑤を選ぶ。

問4 | 10 | 正解は ② 問題難易度 ★

　小腸では摂食した有機物がグルコースやアミノ酸の形で吸収されている。これらは小腸から出る肝門脈に合流し，肝臓に流れ込む。肝細胞では流れてきたグルコー

スを取り込み，グリコーゲンに合成したり，グルコースを消費したりする。グルコースを消費する際には，有機物中のエネルギーが熱エネルギーとして放出される。このように肝臓は熱産生の場となる。(③ は正しい)。

　なお，肝臓は血糖濃度を調節する器官の一つであり，低血糖時はグリコーゲンを分解してグルコースを合成して血糖濃度を上げ(② は誤り)，高血糖時はグルコースからグリコーゲンを合成して血糖濃度を下げる。また，アミノ酸からタンパク質を合成したり，アミノ酸の分解によって生じた有害なアンモニアを毒性の低い尿素に変えたりするはたらきをもつ(④ は正しい)。

　さらに，古くなった赤血球の破壊(① は正しい)や，脂肪の消化を助ける胆汁の生成を担う(⑤ は正しい)。

　以上のことから，② を選ぶ。

──**一歩深く！**▶

肝臓で生成される胆汁は脂肪の消化を助けるはたらきをもつが，消化酵素は含まない。

問5　　**11**　　正解は ③　問題難易度　★★

　それぞれの条件における肝臓当たりの脂肪重量について考察する。まず，(i)と(ii)より，通常食であれば摂食する時間の制限の有無による大きな差は生じないことがわかる。このことから，通常食の場合，摂食時間の制限は脂肪肝への進行にあまり影響を与えないと推測できる(① は正しい)。

　次に，(i)と(iii)より，時間に制限なく摂食させた場合，通常食よりも砂糖食の方が肝臓当たりの脂肪重量が重くなっていることから，通常食よりも砂糖食の方が脂肪肝を引き起こしやすいと推測できる(② は正しい)。

　また，(i)と(ii)の差よりも(iii)と(iv)の差の方が大きいことから，時間制限による脂肪肝への進行を抑制する効果は，通常食よりも砂糖食の方が大きいと考えられる(③ は誤り)。

　最後に，(iii)と(iv)より，砂糖食でも時間を制限した場合は肝臓当たりの脂肪重量の増加を抑制できていることから，砂糖食でも摂食する時間を制限することで脂肪肝への進行を抑制できると推測できる(④ は正しい)。

　以上のことから，③ を選ぶ。

ブレイクタイム ▶

　甘いものは別腹と言われ，どうしても食べてしまいがち。ただ，解説の通り，摂食時間を制限する（活動時間帯にだけ摂食する）だけでも脂肪肝への進行を抑制することができる。甘いものが好き，でも太りたくないという人は，食べる時間を意識してみよう！ちなみに私も，「18時以降は食べないダイエット」をしています。

□ 第3問　【植生の遷移／バイオーム】

ねらい

　　Aでは，植生の遷移を主題とした知識問題と考察問題を出題した。低木林であるオオバヤシャブシが先駆種である理由を，窒素固定細菌との共生関係から説明できるようになってほしい。Bではバイオームや生態系について，知識問題と考察問題を出題した。問3は世界のバイオームの図を描けないと解答が難しい。これを機に図を描けるようになろう。問5では雪中生態系に関する考察問題を出題した。初見のデータを読み，正確に考察する力を養ってほしい。

解説

A

問1　　12　　正解は ③　　問題難易度　★

　　コケ植物や地衣類などは，土壌がなく水分や養分が乏しい環境下でも生育することができる。これらは先駆種（パイオニア種）と呼ばれ，遷移の初期段階で侵入する。また，オオバヤシャブシも先駆種として知られている。オオバヤシャブシは根に窒素固定細菌（　ア　）が共生している。窒素固定細菌は空気（　イ　）中の窒素を取り込んでアンモニウム（　ウ　）イオンの形に変え，オオバヤシャブシに供給している。このため，オオバヤシャブシは窒素などの栄養分が乏しい土地でも生育することができる。したがって，③ を選ぶ。

▶ 一歩深く！ ▶

　オオバヤシャブシは，窒素固定細菌からアンモニウムイオンを受け取る代わりに，窒素固定細菌に同化産物を供給している。このような互いに利益を与え合っている2種間の関係は相利共生と呼ばれる。ただし，このような関係になるのは窒素が欠乏しているときのみである。土壌中に窒素が十分に存在している場合，オオバヤシャブシは根から窒素を吸収できるため，窒素固定細菌からアンモニウムイオンを受け取る必要がなくなり，同化産物を供給するコストだけが残る。この場合，2種間の関係は寄生と呼ばれ，窒素固定細菌は利益を得るが，オオバヤシャブシは害を被る。このように，2種間の関係は周囲の環境によって変化する。

問2　　13　　正解は④　問題難易度　★★

　　溶岩上で始まる乾性遷移は，裸地・荒原→草原→低木林→陽樹林→混交林→陰樹林の順に進行する。このことに留意して，結果1～4のそれぞれの場所における植生の遷移段階を推測する。

　　まず，結果1より，1200年以前に噴出した溶岩上にはスダジイやタブノキなどの常緑広葉樹が優占しており，これらは陰樹である。このことから，この島における極相の森林はスダジイやタブノキなどの照葉樹林（　エ　）であると考えられる。

　　次に，結果2と結果3より，いずれの場所も低木林であるオオバヤシャブシが優占しているが，1962年に噴出した溶岩上のオオバヤシャブシは樹高がさまざまであるのに対して，X年に噴出した溶岩上のオオバヤシャブシは樹高が低いもののみであることから，植生の遷移は結果3よりも結果2の場所の方が進行している。つまり，X年は1962年より後（　オ　）に噴火した溶岩上から始まった遷移であると考えられる。

　　最後に，結果4より，Y年に噴出した溶岩上には，オオバヤシャブシの他に陽樹であるオオシマザクラが生育していることから，遷移が進行する順番を踏まえると，植生の遷移は結果2よりも結果4の場所の方が進行している。つまり，Y年は1962年より前（　カ　）に噴火した溶岩上から始まった遷移であると考えられる。したがって，④を選ぶ。

B

問3　　14　　正解は②　問題難易度　★★

　　世界のバイオームをまとめると，次頁の図のようになる（何も見ずに描けるようになろう！）。この図を参考に，各選択肢について検討する。

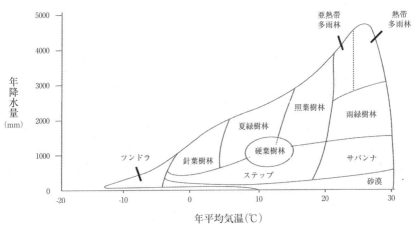

図　世界のバイオーム

①・③について，上図より，年降水量が1000mm前後でも硬葉樹林・夏緑樹林・針葉樹林などの森林は成立する。また，年平均気温が0℃では森林が成立するが，−5℃を過ぎると森林が成立せず，荒原であるツンドラが成立する。なお，ツンドラには主に地衣類やコケ植物が生育している。したがって，①・③ともに誤り。

②について，日本は南北に長く伸びた列島で，年降水量・年平均気温ともに森林が成立するのに十分な条件であることから，植生の遷移はふつう森林へと進行する。また，日本は降水量が十分であることから，バイオームの分布は主に年平均気温によって決まる。したがって，正しい。

④について，温帯において夏季に降水量が少なく，冬季に多い気候は地中海性気候と呼ばれ，このような気候の地域には硬葉樹林が成立する。したがって，誤り。なお，夏緑樹林は冬季に気温が低くなる地域で成立し，落葉広葉樹が優占する。

以上のことから，②を選ぶ。

問4　　15　　正解は⑧　問題難易度　★★

本問を考えるにあたり，大きさの異なる二つの立方体について考える。仮に，一片が a の立方体の場合，表面積は $6a^2$，体積は a^3 となり，体積当たりの表面積は $\dfrac{6}{a}$ となる。また，一片が $2a$ の場合，表面積は $24a^2$，体積は $8a^3$ となり，体積当たりの表面積は $\dfrac{3}{a}$ となる。これを動物のからだに置き換えて考えると，からだが大きくな

るにつれて体積当たりの表面積(体表面積)は小さく(**キ**)なると考えられる。すなわち，からだが大きいほど体表は外気に触れにくく，放熱しにくく(**ク**)なると考えられる。同様に考えると，寒冷地に生息する一部の恒温動物は耳や尾などの小さい(**ケ**)突出部をもつことで体積当たりの表面積を小さくし，放熱しにくくさせている。このようにして，寒冷地に生息する生物は寒冷な環境に適応している。

以上のことから，**⑧** が正しい。

ブレイクタイム▶

寒冷地に生息するものほどからだが大型化する傾向にあることをベルクマンの法則という。実際，北極圏で生息するホッキョクグマ，日本で生息するツキノワグマ，マレーシアで生息するマレーグマの体長を比べると，ホッキョクグマ＞ツキノワグマ＞マレーグマとなる。

問5 **16** 正解は ① 問題難易度 ★★

ⓐについて，**実験1・実験2**より，クマムシは黄金藻類が生息する黄雪よりも，緑藻類が生息する緑雪で多く観察されている。問題文の「クマムシは主に藻類を補食している」という内容を考慮すると，クマムシは黄金藻類よりも緑藻類を好んで摂食しており，餌である緑藻類が多く含まれる緑雪に生息していたと推測できる。したがって，正しい。

ⓑについて，一部の生物は藻類などの光合成生物を体内に取り込んで光合成を行うようになることが知られているが，本実験のみでクマムシが摂食した藻類を利用して光合成を行うようになるかどうかは分からない。また，後述するが，この調査地域におけるクマムシの栄養段階は一次消費者であり，生産者ではない。したがって，誤り。

ⓒについて，藻類が生産者であることから，藻類を直接摂食しているクマムシは，この生態系において一次消費者であると推測できる。したがって，誤り。

ⓓについて，**実験2**より，調査地域の雪中におけるクマムシの個体数はわかるが，藻類の現存量を調べておらず，緑藻類と黄金藻類の現存量を比較することはできない。したがって，誤り。

以上のことから，ⓐのみが正しいので ① を選ぶ。

ブレイクタイム▶

　クマムシは4対8本の脚をもち，鋭い爪をもつ。クマムシは極端に乾燥した環境や高温・高圧，本問で記したような低温にも耐えることが可能である。実に不思議な生物である。

解答解説 第2回

解説動画

出演：緒方準平先生

問題番号（配点）	設問		解答番号	正解	配点	自己採点①	自己採点②
第1問 (19)	A	問1	1	①	3		
		問2	2	④	3		
		問3	3	②	3		
	B	問4	4	③	2		
		問5	5	②	2		
		問6	6	⑧	3		
		問7	7	①	3		
小計（19点）							
第2問 (16)	A	問1	8	④	3		
		問2	9	④	3		
		問3	10	④	4		
	B	問4	11	⓪	3		
		問5	12	⑥	3		
小計（16点）							
第3問 (15)	A	問1	13	④	3		
		問2	14	②	3		
		問3	15	⑦	3		
	B	問4	16	②	3		
		問5	17	②	3		
小計（15点）							
合計（50点満点）							

□ 第1問 【酵素・遺伝子】

ねらい

　Aでは生物の共通性と多様性に関する分野から，主に酵素を主題とした考察問題を出題した。問2，問3は実験計画に関する問題であり，共通テストでは同様の問題が出題される可能性が高い。間違えた受験生は，本問を通して，対照実験や解答までのアプローチを習得してほしい。Bでは遺伝情報とタンパク質合成に関する知識問題と考察問題を出題した。全体として平易であるため，確実に正解したい。間違えた受験生は，これを機に当該の範囲を十分に復習しておこう。

A

問1　　1　　正解は ①　問題難易度　★

　塩基と糖とリン酸からなる物質をヌクレオチドという。ヌクレオチドからなる物質として，DNA や RNA のほかに ATP があげられる。ATP は，糖の一種であるリボース（　ア　）と塩基の一種であるアデニンが結合したアデノシンに，三つのリン酸が結合している。リボースは ATP のほか，RNA の成分でもある。

　一方，デオキシリボースは DNA の成分である。また，塩基のうち，アデニン(A)はグアニン(G)やシトシン(C)と合わせて DNA にも RNA にも含まれる（　イ　）が，チミン(T)は DNA のみ，ウラシル(U)は RNA のみに含まれる。ATP のリン酸どうしの結合には多量のエネルギーが蓄えられている。この結合は高エネルギーリン酸結合と呼ばれ，1分子の ATP には2ヶ所の高エネルギーリン酸結合がある。次図に，ATP の構造を示す。

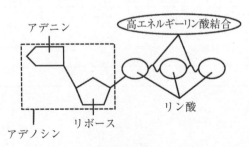

図　ATP の構造

以上のことから，① を選ぶ。

要点整理 ▶ DNA・RNA・ATP

	糖の種類	塩基の種類
DNA	デオキシリボース	A, T, G, C
RNA	リボース	A, U, G, C
ATP	リボース	A

問2　　2　　正解は ④　問題難易度 ★★

　　実験1より，過酸化水素水の入った試験管にニワトリの肝臓片を加えると気泡が発生したことから，ニワトリの肝臓片に含まれる酵素によって，過酸化水素が分解され，気泡が発生したと考えられる。ただ，この**実験1**のみでは，ニワトリの肝臓片自体から気泡が発生したという可能性を否定できない。このため，水の入った試験管にニワトリの肝臓片を加え，気泡が発生しないことを確かめることで，**実験1**において肝臓片自体から気泡が発生したという可能性を否定できる。したがって，④ を選ぶ。

　　なお，選択肢 ① のように，ニワトリの肝臓片の代わりに酸化マンガン(Ⅳ)を加えると気泡が発生する。この実験から酸化マンガン(Ⅳ)が肝臓片に含まれている酵素と同じようなはたらきをもつことが示されるが，肝臓片自体から気泡が発生したという可能性を否定することはできない。

問3　　3　　正解は ②　問題難易度 ★★

　　酵素は生体触媒とも呼ばれ，生体内の化学反応を促進する物質である。次頁の図に示すように，基質は酵素と結合したのち，生成物になる。このとき，酵素は反応の前後で変化しない。**実験1**において，酵素は肝臓片に含まれており，基質は過酸化水素，生成物は発生した気泡である。また，酵素反応が停止する原因として，(ⅰ)酵素の機能の欠失，(ⅱ)基質の不足の二つの可能性が考えられる。なお，上述の通り，酵素は反応の前後で変化しないことから，酵素の不足によって酵素反応が停止するとは考えられない。これらの内容を踏まえて各選択肢を検討する。

　　ⓐについて，実験はすべて酵素の最適な温度条件下で行うことから，酵素の機能の欠失が原因ではない。このため，ⓐのように酵素を含む肝臓片を新たに加えても

酵素反応は回復せず，気泡は生じないと考えられる。したがって，誤り。

⑤について，酵素が機能を欠失していないため，**実験1における酵素反応の停止**は，基質の不足が原因であると考えられる。このため，⑥のように基質である過酸化水素水を加えることで，再び酵素反応が進行し，気泡が生じるようになると考えられる。したがって，正しい。

ⓒについて，触媒能をもった無機触媒である酸化マンガン(Ⅳ)を加えても③と同様に反応は回復せず，気泡は生じないと考えられる。したがって，誤り。

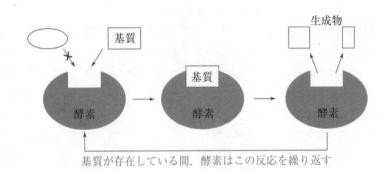

基質が存在している間，酵素はこの反応を繰り返す

以上のことから，⑥のみが正しいため，**②**を選ぶ。

B

問4　　**4**　　正解は**③**　問題難易度 ★

ヒトなどの動物の場合，食物として摂取したタンパク質は胃や腸などの消化器官で消化され，最終的にアミノ酸になる。アミノ酸は小腸（　**ウ**　）で吸収された後，他の栄養分とともに血流を通じて全身の細胞へと運ばれる。各細胞では，取り込んだアミノ酸を遺伝情報に対応させ，特有のタンパク質を合成する。アミノ酸からタンパク質を合成する反応は同化（　**エ**　）の一種であり，エネルギーを吸収して進む反応である。

したがって，**③**を選ぶ。

問5　　**5**　　正解は**②**　問題難易度 ★

① 涙やだ液の成分であるリゾチームは細菌の細胞壁を分解するはたらきをもつ酵素であり，化学的な生体防御の機構の一つである。したがって，正しい。

② 抗原と特異的に結合する物質は抗体であり，抗体は免疫グロブリンと呼ばれるタンパク質である。したがって，誤り。なお，フィブリンはフィブリノーゲンというタンパク質が多数結合したものであり，血管壁が傷ついた際に血球を絡め取って血ぺいを形成するはたらきをもつ。

③ 皮膚に多く含まれるコラーゲンは，組織の構造を維持するタンパク質の一種である。したがって，正しい。

④ 筋細胞に含まれるミオシンは，筋収縮の際にはたらくタンパク質の一種である。したがって，正しい。

本問は誤っているものが問われていることから，②を選ぶ。

問6　　6　　正解は⑧　問題難易度　★

DNA の遺伝情報をもとに RNA が合成され，さらにタンパク質が合成されることを遺伝子の発現（　オ　）という。遺伝子の発現は，大きく二つの過程に分けられる。一つ目は DNA の塩基配列を RNA の塩基配列に写し取る過程で，転写と呼ばれる。二つ目は RNA の塩基配列をタンパク質のアミノ酸配列に変換する過程で，翻訳と呼ばれる。このように，遺伝子の発現の流れには方向性があり，このような遺伝情報の流れに関する原則をセントラルドグマ（　カ　）という。

多細胞生物のからだを構成するすべての細胞は，1個の受精卵が体細胞分裂をして生じたものである。したがって，からだを構成するすべての細胞は，基本的に同じゲノムをもつ。細胞が同じ遺伝情報をもっていても特定の機能や形をもつのは，すべての遺伝情報が常に発現するわけではなく，発生段階やからだの部位に応じて発現する遺伝子が異なるためである。これを，選択的遺伝子発現という。このことを考慮すると，インスリン遺伝子はほぼすべての体細胞がもっているが，インスリン遺伝子の mRNA は，インスリン遺伝子を発現している細胞からしか得られない。インスリンはすい臓のランゲルハンス島 B 細胞のみで合成されることから，インスリン遺伝子の mRNA はすい臓の B 細胞のみ（　キ　）に含まれると考えられる。

以上のことから，⑧を選ぶ。

問7　　7　　正解は①　問題難易度　★

mRNA において，連続した塩基三つの並びによって一つのアミノ酸が指定される。問題文より，左端の「A」がアミノ酸を指定する三つの並びの1番目の塩基で

あることから，読み枠は次のようになる。

| AUG | GCU |

　ここで，表1を参照すると，上記の mRNA の塩基配列からは「メチオニン – ア
ラニン」とアミノ酸配列が指定される。表1より，メチオニンは AUG のみ，アラ
ニンは GCU，GCC，GCA，GCG の4種類の塩基三つの並びによって指定されるこ
とから，「メチオニン – アラニン」というアミノ酸配列を指定する mRNA の塩基配
列は，$1 \times 4 = 4$ 通りとなる。本問では，問題で記された「AUGGCU」以外に何通
りの塩基配列があるかが問われていることから，$4 - 1 = 3$ 通りの塩基配列がある
とわかる。したがって，① を選ぶ。

□ 第2問　【酵素解離曲線／適応（獲得）免疫】

ねらい

　　Aでは酸素解離曲線を主題とした知識問題と考察問題，Bでは適応免疫を主題とした知識問題と考察問題を出題した。Aの酸素解離曲線は，受験生が苦手としやすい単元でもある。本問を通して，グラフの見方も含めて十分に復習してほしい。Bでは適応免疫に関する知識問題と，体液性免疫に関する考察問題を出題した。問4の適応免疫に関する知識問題は，やや細かい内容を出題している。各選択肢を吟味し，免疫が発動するまでの流れを正確に理解してほしい。

A

問1　　8　　正解は④　問題難易度　★

　　血液は酸素濃度によって動脈血と静脈血に分けられる。これらのうち，酸素濃度が高く，多くのヘモグロビンに酸素が結合して鮮紅色なのが動脈血，酸素濃度が低く，ヘモグロビンにあまり酸素が結合せずに暗赤色なのが静脈血である。本問では暗赤色の血液，すなわち静脈血が流れる血管が問われているが，肺静脈を除いて，○○静脈にはふつう静脈血が流れ，肺動脈を除いて，○○動脈にはふつう動脈血が流れると考えてよい。これらを踏まえて各選択肢を検討すると，ⓐ，ⓑは静脈血が流れるが，ⓒの腎動脈には動脈血が流れるとわかる。したがって，ⓐ，ⓑのみが正しいため，④を選ぶ。

問2　　9　　正解は④　問題難易度　★★

　　酸素濃度と，すべてのヘモグロビンに対する酸素ヘモグロビンの割合の関係を示した曲線を酸素解離曲線という。呼吸がさかんに行われた場合，血中酸素濃度が低下するため，酸素ヘモグロビンが酸素を解離（　ア　）して組織に多くの酸素を供給する。また，呼吸がさかんな組織では，血中の二酸化炭素濃度も増加しており，二酸化炭素のはたらきにより酸素ヘモグロビンから酸素が解離する。図1より，同じ酸素濃度下で比較した場合，曲線Yの方が酸素ヘモグロビンの割合は低いことから，二酸化炭素濃度が高いときの曲線は，酸素ヘモグロビンの割合が低いY（　イ　）であると考えられる。

　　ウ　：図1より，酸素濃度が100である肺胞の酸素ヘモグロビンの割合は約

95％，酸素濃度が30である組織の酸素ヘモグロビンの割合は約40％である。この
とき，すべてのヘモグロビンのうち，組織において酸素を解離したヘモグロビンの
割合は，$\frac{95-40}{100} \times 100 = 55\%$であるのに対して，酸素ヘモグロビンのうち，組織に
おいて酸素を解離した割合は，$\frac{95-40}{95} \times 100 \fallingdotseq 58\%$である。したがって，ウ
には酸素が入る。

以上のことから，④ を選ぶ。

問3 　10　　正解は④　問題難易度　★

図2より，低酸素濃度下において胎児ヘモグロビン(HbF)は成人ヘモグロビン
(HbA)よりも酸素ヘモグロビンの割合が高いことから，HbF は HbA よりも低酸素
濃度下の酸素との親和性(結合力)が高い。この性質により，HbF は酸素濃度の低い
胎盤において，母体から酸素を受け取ることができる。仮に，成人が HbF をもって
いた場合，酸素濃度の低い組織でも酸素との親和性が高いままであり，正常な HbA
をもつ場合と比べて組織へ酸素を供給しにくくなると考えられる。したがって，④
が正しく，③ は誤り。なお，図2で高酸素濃度では HbA も HbF も酸素ヘモグロビ
ンの割合に差がないことから，高酸素濃度である肺での酸素の結合のしやすさに変
化はない。したがって，① · ② は誤り。

B

問4 　11　　正解は⓪　問題難易度　★★

ⓓ〜ⓕ　体内に侵入した病原体を排除するしくみとして自然免疫と適応（獲得）免
疫がある。適応免疫はさらにB細胞を中心とした免疫反応である体液性免疫と，
キラーT細胞が直接抗原を攻撃する免疫反応である細胞性免疫に分けられる。本
問では，適応免疫のうち，細胞性免疫のしくみに関する正しい記述を問うている。
細胞性免疫のしくみを示すと，以下のようになる。

例えば体内に侵入したウイルスは，樹状細胞などの食細胞に取り込まれる。樹
状細胞はリンパ節へと移動し，病原体の断片を細胞表面に出す(抗原提示)。樹状
細胞に提示された抗原を認識したヘルパーT細胞は活性化する。ヘルパーT細胞
は同じ抗原情報を認識したキラーT細胞を活性化する。ヘルパーT細胞により活
性化されたキラーT細胞は，ウイルス感染細胞を直接攻撃する(ⓓは誤り)。キ
ラーT細胞は，皮膚移植や臓器移植の際に生じる拒絶反応にもかかわっており，

移植した皮膚片や臓器を異物として認識し，攻撃する（ⓕは正しい）。なお，ⓔは
体液性免疫の説明なので誤り。

ⓖ　HIVは遺伝子の本体としてRNAをもつウイルスであり，ヘルパーT細胞に感
染する。ヘルパーT細胞はキラーT細胞やB細胞を活性化して適応免疫を引き
起こすことから，ヘルパーT細胞がHIVに感染すると，適応免疫のはたらきが
低下する。したがって，正しい。なお，適応免疫のはたらきが低下すると，健康
なヒトでは発症することのない感染症である日和見感染症にかかりやすくなる。
以上のことから，ⓕ，ⓖが正しいため，⓪を選ぶ。

問5　┃ 12 ┃　正解は ⑥　問題難易度 ★
　適応免疫では病原体の1回目の侵入時に病原体に反応したリンパ球が記憶細胞と
して残り，同じ病原体の2回目以降の侵入時に記憶細胞が迅速にはたらいて病源体
を排除するというしくみをもつ。体液性免疫の場合，2回目以降の同じ病原体の侵
入時には，迅速かつ多量に抗体を産生するようになる（次図）。

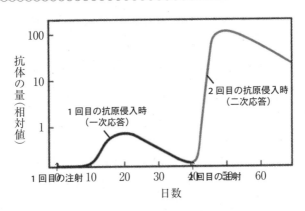

図　抗体の産生量の変化

　実験1では，1回目の抗原Xの注射時には一次応答が起こり，B細胞から分化し
た形質細胞から，抗原Xに特異的に結合する抗体が産生される。このとき，抗原X
に対する記憶細胞が形成され，免疫記憶（┃ エ ┃）が成立する。その3週間後に再
び抗原Xを注射すると，1回目の注射の際に形成された記憶細胞がはたらき，抗体
は1回目よりも多く産生される（┃ オ ┃）ようになる。
　一方，実験2では，実験1と同様に抗原Xに対する免疫記憶は成立しているが，

3週間後に注射したのは抗原 X とは異なる抗原 Y である。問題文より，実験で用いたマウスは実験以前に抗原 X および抗原 Y に感染したことがないことから，抗原 Y に対する記憶細胞は形成されておらず，抗原 Y に対しては抗原 X の1回目の注射時と同程度の抗体が産生される。このとき，抗原 X に対する抗体は産生されない（　カ　）。したがって，⑥ を選ぶ。

□ 第３問　【土壌とバイオーム／生態系の保全】

ねらい

　　Aでは植生の多様性とその分布に関する分野から，土壌とバイオームの関係を主題とした知識問題と考察問題を出題した。共通テストでは，**問2**のように既知ではない内容を問題文から読み取り，与えられたデータを活用して考察する問題が出題されることがある。本問を通して，初見で難しく思える問題でも，文章を落ち着いて読むことができれば十分に解答できることを知ってほしい。**B**では生態系の保全に関する考察問題と知識問題を出題した。本問を通して，被食者－捕食者の個体数変動グラフの特徴をきちんと理解してほしい。

A

問1　｜　13　｜　正解は ④　問題難易度　★

　　本問では「構成元素として炭素だけでなく窒素を含むもの」が問われており，有機窒素化合物を選ぶ。

ⓐ　クロロフィルは葉緑体に含まれる有機窒素化合物であり，光エネルギーを吸収するはたらきをもつ。したがって，正しい。

ⓑ　アミラーゼはだ液やすい液に含まれる消化酵素であり，デンプンを分解するはたらきをもつ。酵素は主成分がタンパク質であり，タンパク質は有機窒素化合物である。したがって，正しい。

ⓒ　グリコーゲンは，血糖濃度が上昇したときに肝細胞などでグルコースから合成される炭水化物であり，窒素を含まない。したがって，誤り。

　　ⓐ，ⓑのみが正しいため，**④**を選ぶ。

問2　｜　14　｜　正解は ②　問題難易度　★★

　　問題文にしたがって，与えられた式に数値を代入して考える。与えられた式に有機物蓄積量の変化量＝0を代入すると，

　　　有機物蓄積量の変化量＝有機物の供給量 － k × 有機物の蓄積量

　　　　　　　　　　　　　0 ＝有機物の供給量 － k × 有機物の蓄積量

　　　　　　　　　　　　　k ＝有機物の供給（｜　ア　｜）量／有機物の蓄積（｜　イ　｜）量

となる。

次に，表1の値を式に代入して，熱帯多雨林および針葉樹林のそれぞれの分解定数（k）を求める。熱帯多雨林の場合，$\frac{9.6}{8.0} = 1.2$ であり，針葉樹林の場合，$\frac{2.2}{44.0} = 0.05$ であることから，熱帯多雨林の k は針葉樹林の $\frac{1.2}{0.05} = 24$（　ウ　）倍であるとわかる。

以上より，②を選ぶ。

問3 　15　　正解は ⑦　問題難易度 ★★

　エ　：問題文より，空欄　エ　には，分解者による有機物の分解速度を制限する要因が入る。選択肢には光の強さと気温があるが，分解者は主に遺体や排出物を分解して栄養を得る消費者であり，生産者ではないことから光合成を行わない。したがって，分解者による有機物の分解速度を制限するのは光の強さではなく，気温（　エ　）であるとわかる。なお，分解者による分解速度は，分解者の呼吸速度として考えることもできる。呼吸速度は温度に関係しており，気温が低いときよりも高いときの方が呼吸は活発に行われる。すなわち，気温が高い熱帯多雨林に生育する分解者の方が，気温が低い針葉樹林に生育する分解者よりも呼吸速度は大きいと考えられる。

　オ　・　カ　：土壌への有機物供給速度に対して分解者による有機物の分解速度が速い場合，有機物は蓄積しない。したがって，気温による制限を受ける針葉樹林における分解者による有機物の分解速度は有機物の供給速度を下回る（　オ　）。一方で，気温による制限を受けない熱帯雨林における分解者による有機物の分解速度は有機物の供給速度を上回る。このため，有機物蓄積量は針葉樹林の方が熱帯雨林よりも多く（　カ　）なったと考えられる。

以上のことから，⑦を選ぶ。

B
問4 　16　　正解は ②　問題難易度 ★★

　キ　・　ク　：図1には，被食−捕食関係にある動物 X と動物 Y の個体数変動が示されている。被食者と捕食者の個体数変動のピークは，一般に被食（　キ　）者の方が先である。図1より，動物 X のピークは動物 Y よりも先にくることから，動物 X は被食（　ク　）者の個体数変動を示していると考えられる。なお，一般に被食者の方が捕食者よりも個体数が多いことからも，動物 X が被食者であることが

わかる。

ケ：図1より，いずれの動物も約10年を周期に個体数がピークを迎えていることから，両者の個体数は約10(**ケ**)年を周期として変動していると考えられる。

以上のことから，② を選ぶ。

問5　**17**　正解は ②　問題難易度　★★

　ある地域に生育する生物の集団とそれを取り巻く非生物的環境をまとめたものを生態系という。生態系において，生物と非生物的環境は密接に関係しており，非生物的環境から生物へのはたらきかけを作用，生物から非生物的環境へのはたらきかけを環境形成作用という。このことを踏まえて，選択肢を検討する。

　ⓓについて，海水温が上昇したことでサンゴに共生している藻類がサンゴから離れた結果，サンゴが白くなる白化現象が起こる。これは非生物的環境から生物へのはたらきかけであり，作用の例である。

　ⓔについて，遺体や枯死体が分解者によって分解された結果，土壌中の窒素やリンなどの養分が増加する。これは生物から非生物的環境へのはたらきかけであり，環境形成作用の例である。

　ⓕについて，湖沼や海などにおいて，窒素やリンなどの栄養塩類濃度が増加する現象を富栄養化という。また，富栄養化によって植物プランクトンが異常に増殖する場合があり，湖沼の水面が青緑色になるアオコ(水の華)や海域が赤褐色になる赤潮などが発生する。アオコや赤潮の発生によって湖沼や海の透明度が低下した結果，沈水植物が十分に光合成できなくなって枯死する。生活排水の流入にともなって発生したアオコや赤潮による湖沼や海の透明度の低下は環境形成作用の例であるが，透明度の低下による沈水植物の枯死は非生物的環境から生物へのはたらきかけであり，作用の例である。

　本問では「環境形成作用」の例が問われており，ⓔのみがあてはまるため，② を選ぶ。

解答
解説

第 **3** 回

解説動画

出演：緒方準平先生

問題番号（配点）	設問		解答番号	正解	配点	自己採点①	自己採点②
第1問 (18)	A	問1	1	④	3		
		問2	2	①	3		
	B	問3	3	③	3		
		問4	4	⑦	3		
		問5	5	⑤	3		
		問6	6	②	3		
	小計（18点）						
第2問 (16)	A	問1	7	①	3		
		問2	8	④	3		
		問3	9	②	4		
	B	問4	10	②	3		
		問5	11	③	3		
	小計（16点）						
第3問 (16)	A	問1	12	②	3		
		問2	13	⑤	3		
		問3	14	③	4		
	B	問4	15	①	3		
		問5	16	②	3		
	小計（16点）						
合計（50点満点）							

第3回 実戦問題

□ 第1問 【遺伝子の本体・細胞周期】

ねらい

　　Aでは遺伝子の本体を調べる実験を主題とした考察問題を出題した。**問2**は表
1で与えられたデータの理解が非常に難しく，正解できた受験生は少ないのでは
ないだろうか。解説を熟考し，きちんと理解してほしい。**B**では遺伝子とそのは
たらきの分野から，細胞周期に関する知識問題と考察問題を出題した。同様の問
題は出題の可能性が高いと考えられるので，これを機に確実に正解できるまで復
習してほしい。

A

問1　　|　1　|　　正解は **④**　問題難易度　★★

　　T_2ファージは大腸菌に感染するウイルスの一種である。T_2ファージの特徴とし
て，細胞構造をもたず，生殖や代謝および体内環境を維持する能力がないことがあ
げられる。また，ウイルスは遺伝子の本体として DNA か RNA のいずれかをもつ
が，T_2ファージは DNA をもつ。

　　本問では「目印をつけた大腸菌を用いないと T_2ファージに目印をつけることは
できない」理由が問われているが，上述の通り，T_2ファージは代謝に関する酵素を
もたないため，目印 P や目印 S を直接取り込んで生体物質を合成することができな
い。このため，目印 P や目印 S を含む培地で大腸菌を培養することで，目印 P を含
む DNA や目印 S を含むタンパク質をもつ大腸菌をつくり，それぞれの大腸菌に T_2
ファージを感染させる必要がある。したがって，**④** を選ぶ。なお，選択肢の **①**～
③ もすべて T_2ファージの特徴であるが，目印をつけた大腸菌を用いないと T_2
ファージに目印をつけることができない直接的な理由にはならない。

問2　　|　2　|　　正解は **①**　問題難易度　★★★

　　手順4で激しく撹拌すると，T_2ファージ(以下，ファージ)は大腸菌から離れて上
澄み中に存在するものと，大腸菌に付着したまま沈殿中に存在するものに分けられ
る。上澄み中に存在するファージの中で，DNA をもつファージを A%，大腸菌へ
DNA を注入して殻になったファージを B%，同様に，沈殿中に存在するファージの

中で，DNAをもつファージをC%，大腸菌へDNAを注入して殻だけになったファージをD%とする。

表1より，遠心分離後の上澄み液中の目印Sの割合が80%であることから，A＋B＝80である。また，残りの20%は，大腸菌に付着したままのファージの殻より検出されるため，C＋D＝20である。同様に，上澄み中の目印Pの割合が30%であることから，A＝30である。また，残りの70%はA%以外のファージによるDNAの総量であるため，B＋C＋D＝70である。これらを解くと，A＝30，B＝50，C＋D＝20となる。

以上より，ファージのもつタンパク質の20%（＝C＋D）が十分なミキサー処理を行っても大腸菌に付着したままであり，付着したファージの少なくとも50%（＝B）は大腸菌へDNAを注入したと考えられる。したがって，①を選ぶ。

B

問3 　3　　正解は③　問題難易度　★★

体細胞分裂の過程において，分裂が終わってから次の分裂が終わるまでの過程を細胞周期という。細胞周期は間期と分裂期(M期)からなる。間期はさらにG₁期(DNA合成準備期)（@は誤り），S期(DNA合成期)（©は正しい），G₂期(分裂準備期)（ⓑは誤り）に分かれる。また，からだを構成するすべての細胞が体細胞分裂を繰り返しているわけではなく，分化した細胞やDNAが損傷した細胞は，G₁期からG₀期へ移行して分裂を停止する（ⓓは誤り）。なお，一部の細胞は再び細胞周期に入って分裂を始めることもある。

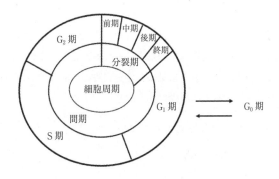

以上のことから，©のみが正しいため，③を選ぶ。

問4 　4　　正解は ⑦　問題難易度　★

顕微鏡の操作手順を以下に記す。

(ⅰ)　鏡筒内にごみが入らないよう，接眼レンズ，対物レンズの順にレンズを取り付ける。

(ⅱ)　レボルバーを回して対物レンズを最低倍率にした後，しぼりを開いてレンズに入る光量を最大にし，接眼レンズをのぞきながら反射鏡を動かして視野を均等に明るくする。

(ⅲ)　ステージの中央にプレパラートをセットする。

(ⅳ)　横からのぞきながら，対物レンズとプレパラートをできるだけ近付ける。

(ⅴ)　接眼レンズをのぞきながら調節ねじを手前に回し，対物レンズとプレパラートをゆっくりと遠ざけながらピントを合わせる。

(ⅵ)　しぼりをしぼって光量を調節する。一般に，低倍率のときはしぼりを絞り，高倍率のときはしぼりを開く。

(ⅶ)　観察したい部分を探し，視野の中央におく。その後，レボルバーを回して高倍率の対物レンズに代えて観察する。

以上を踏まえて各選択肢を検討する。

　ウ　：上記(ⅱ)より，最初は観察したい対象物を見つけるために，低(　ウ　)倍率で観察し，視野を広くする。

　エ　：オサムの台詞「その方が，視野中に多くの細胞が見られるからね」をヒントに考える。観察視野は同じであることから，大きい細胞が集まっている部分よりも，小さい(　エ　)細胞が集まっている部分の方が多くの細胞を観察することができる。

　オ　：上記(ⅶ)の手順において，観察したい部分を視野の中央におく際，プレパラートを動かす方向と視野内での動きは逆であることに注意する。たとえば，下図のように観察視野中の右上に見えた像を視野の中心(左下の方向)に動かすならば，プレパラートを右上の方向に動かす必要がある。

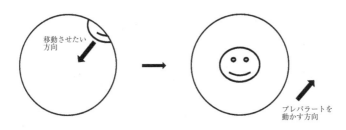

本問でも，上述のように観察視野中の右上に見えた像を視野の中心(左下の方向)に動かすので，プレパラートを右上(　オ　)の方向に動かす。

以上のことから，⑦を選ぶ。

問5　　5　　正解は⑤　問題難易度　★

染色体の本数を数えるためには，すべての染色体にピントを合わせる必要がある。まず，間期は核膜が存在することから，染色体は観察できない。次に，分裂期では前期において核膜が消失，終期において再び形成されるため，分裂期の前期～後期であれば染色体を観察することができる。このとき，前期や後期では染色体が細胞全体に広がっているのに対して，中期では染色体が赤道面に並ぶことから，すべての染色体にピントを合わせやすく，染色体の本数を数えるのには最も適していると考えられる。したがって，⑤を選ぶ。

問6　　6　　正解は②　問題難易度　★★

細胞周期の各時期の長さは，以下のように，観察した細胞のうちの各時期の細胞数の割合が，各時期に要する時間の割合と一致することを利用して求める。

$$○期の長さ＝細胞周期の長さ×\left(\frac{○期の細胞数}{全細胞数}\right)$$

ただし，この関係が成立するには，観察したすべての細胞の細胞周期の長さが等しく(②は正しい)，各細胞が非同調的に分裂する(③は誤り)などの条件が必要である。なお，細胞の大きさや細胞周期の長さが変化しても，これらの条件が成立していれば上記の関係式は成立する(①，④は誤り)。

□ 第2問 【体内環境の維持のしくみ・凝集原と凝集素】

ねらい

　Aでは体温調節の知識問題，体液濃度の調節に関する知識問題と考察問題を出題した。**問2**では，尿量とバソプレシンの関係についてきちんと考察したい。**B**ではABO式血液型を主題とした考察問題を出題した。**問5**を解答するには，長い設問文を理解する必要がある。考察問題にもいろいろなパターンがあるので，本問を通して長い文章を読んで考察するというパターンの問題に慣れてほしい。

A

問1　｜ 7 ｜　正解は ①　問題難易度　★★

ⓐ　体温調節の中枢は間脳の視床下部にある。したがって，正しい。なお，間脳の視床下部には体温のみならず，血糖濃度や体液濃度調節の中枢としてはたらく。

ⓑ　体温の上昇を間脳の視床下部が感知すると，交感神経のはたらきにより発汗が促される。交感神経は体温が低下した際にもはたらき，立毛筋や体表血管を収縮させることで，放熱量を減少させる。したがって，誤り。

ⓒ　体温が低下すると，甲状腺からのチロキシンによって体の各組織での代謝活動が促進され，発熱量が増加する。したがって，誤り。なお，インスリンは血糖濃度の低下にはたらくホルモンであり，体温調節時にははたらかない。

ⓓ　体温が低下すると，肝臓では発熱量を増加させるために呼吸がさかんに行われるようになり，グルコースが消費される。このとき，肝臓の細胞ではグリコーゲンの分解によるグルコースの生産が促される。したがって，誤り。

　　以上のことから，ⓐのみが正しく，①を選ぶ。

問2　｜ 8 ｜　正解は ④　問題難易度　★

｜ ア ｜：**実験1**よりも運動中に水を飲んだ**実験2**の方が体温の上昇が緩和していることから，**実験2**では**実験1**よりも発汗が促されたと考えられる。上述の通り，発汗を促すのは交感神経である。

｜ イ ｜～｜ エ ｜：**実験1**よりも運動中に水を飲んだ**実験2**の方が尿量が増加している。バソプレシンは腎臓の集合管（｜ ウ ｜）に作用し，水の再吸収を促すはたらきをもつ。すなわち，血中バソプレシン濃度が高くなると集合管での水の再吸収が促

され，尿量は減少するが，血中バソプレシン濃度が低くなると集合管であまり水が再吸収されず，尿量は多くなる。**実験2**では運動中に継続して水を飲んだ結果，**実験1**と比べて体液の濃度が低くなり，血中バソプレシン濃度が低下（ イ ）した。その結果，**実験1**と比べて集合管での水の再吸収量が減少（ エ ）し，尿量が増加したと考えられる。

以上のことから，④ を選ぶ。

ブレイクタイム ▶

今はサッカーの試合などでも，試合の途中で「飲水タイム」が設定されていることが多いです。熱中症から選手を守るという意味でも，とても大切ですよね。

問3 9 正解は ②　問題難易度　★★

①・②　血液中の液体成分が血しょうであり，糸球体からボーマンのうへとろ過された液体が原尿である。成分Zが仮にグルコースだった場合，グルコースはろ過された後，細尿管ですべて再吸収されるので，血しょう中および原尿中には含まれるが，尿中には含まれない。このことに留意すると，XとYのどちらが血しょうまたは原尿であっても，濃度が0になることはない。したがって，成分Zはグルコースではない（② は誤り）。

仮に，成分Zがタンパク質である場合，タンパク質は血しょう中に含まれるが，分子が大きいためろ過されず，原尿中には含まれない。このことを踏まえると，Xが血しょう，Yが原尿であれば成分Zがタンパク質であるとわかる（① は正しい）。なお，グルコースは血しょう(X)中に0.1%(100mg/100mL)含まれることからも，成分Zがグルコースではないことがわかる。

③　ナトリウムイオンの濃縮率が1であることから，ナトリウムイオンは血しょう中と尿中とで濃度がほぼ変わらない。すなわち，水と同様，そのほとんどが再吸収されていると考えられる。したがって，正しい。

④　尿素の濃縮率が67であることから，尿素は血しょう中よりも尿中濃度が高くなっている。これは尿素の再吸収率が水の再吸収率よりも低いことに起因する。したがって，正しい。

本問では**誤っているもの**が問われているため，② を選ぶ。

B

問4 　| 10 | 　正解は ② 　問題難易度 　★★★

　　凝集原は赤血球表面，抗体は血しょう中に存在しており，凝集原 A と抗 A 抗体，凝集原 B と抗 B 抗体が共に存在すると凝集が起こる。例えば，凝集原 A をもつ A 型のヒトの血液は，抗 A 抗体を含む血清に対して凝集反応を示す。凝集原と抗体の抗原抗体反応の有無によって血液を分類したものを血液型といい，各血液型における凝集原および抗体の種類を示すと，下表のようになる。

表　各血液型における凝集原および抗体の種類

血液型	A 型	B 型	AB 型	O 型
凝集原 （赤血球表面）	A	B	A，B	なし
抗体 （血しょう中）	抗 B 抗体	抗 A 抗体	なし	抗 A 抗体 抗 B 抗体

　　また，血液を試験管に入れて静置すると，血しょう中のフィブリノーゲンがフィブリンとなる。血液成分のうち，有形成分である血球はフィブリンに絡め取られて血ぺいとなり，沈殿する。抗体を含む残りの成分は上澄みの液体成分に含まれる。この液体成分を血清といい，血清には抗体が含まれている。

① 上表より，O 型のヒトの血液には，抗 A 抗体および抗 B 抗体が含まれている。したがって，誤り。

② 上表より，A 型のヒトがもつ赤血球表面上には凝集原 A が存在し，凝集原 B は存在しない。したがって，正しい。

③ 上表より，B 型のヒトの血しょう中には，抗 A 抗体が含まれている。上述の通り，抗体は血清中にも含まれることから，B 型のヒトの血清には抗 A 抗体が含まれ，抗 B 抗体は含まれていないと考えられる。したがって，誤り。

④ AB 型のヒトの血しょう中には抗 A 抗体および抗 B 抗体のいずれも含まれていない。すなわち，AB 型のヒトの血清にも抗 A 抗体および抗 B 抗体のいずれも含まれていないと考えられる。この血清と赤血球表面に凝集原 A をもち血しょう中に抗 B 抗体をもつ A 型の血液を混ぜても，凝集反応はみられない。したがって，誤り。

以上のことから，②を選ぶ。

一歩深く！▶

フィブリノーゲンは血しょう中に多く含まれているが，血清中には含まれていない。

問5 | 11 | 正解は③ 問題難易度 ★★★

　　患者Xには骨髄提供者Yからの骨髄が移植されている。移植された骨髄中の造血幹細胞は分裂を繰り返し，新たな血球を産生する。移植してすぐは患者Xの血液中に患者Xに由来する血球が残っているが，これらは古くなるとひ臓や肝臓で破壊される。すなわち，<u>移植してからの時間が十分に経過すると，患者Xの血球は骨髄提供者Yの造血幹細胞に由来するものに置き換わる</u>と考えられる。なお，<u>血球の寿命は長いもので120日程度であり，半年後であればすべての血球が骨髄提供者Yの造血幹細胞に由来するものに置き換わっている</u>と考えてよい。これらのことを踏まえて各選択肢を検討する。

ⓔ 上述の通り，患者Xの血球は，いずれ骨髄提供者Yの造血幹細胞に由来するものに置き換わるが，造血幹細胞は血球を産生する細胞であり，他の体細胞は産生しないことから，患者Xの体細胞がすべて骨髄提供者Yの造血幹細胞に由来するものに置き換わるわけではない。したがって，誤り。

ⓕ 上述の通り，移植して半年後の患者Xのすべての血球は，骨髄提供者Yの造血幹細胞に由来するものに置き換わっている。血球のうち，自然免疫にはたらく食細胞（樹状細胞，好中球，マクロファージなど）や適応免疫にはたらくリンパ球（B細胞，T細胞）はすべて骨髄提供者Yの造血幹細胞に由来していることに留意すると，半年後の患者Xの自然免疫および適応免疫は骨髄提供者Yの造血幹細胞に由来する白血球が担うと考えられる。したがって，誤り。

ⓖ 上述の通り，移植して半年後の患者Xのすべての血球は，骨髄提供者Yの造血幹細胞に由来するものに置き換わっている。すなわち，患者Xの血液型は元々A型であるが，半年後にはB型になっており，B型である患者Xから取り出した血液と抗B抗体を含む血清と混ぜた場合，凝集反応を示すと考えられる。したがって，正しい。

　　以上のことから，ⓖのみが正しいため，③を選ぶ。

□ 第3問 【植生の遷移・バイオームの垂直分布】

ねらい

　生物の多様性と生態系の分野から，**A**ではコナラの枯死を主題としてさまざまな内容を出題した。**問1**では里山と人為的なかく乱との関係に関する知識問題を出題した。また，**問3**ではキクイムシとコナラの関係について考察する問題を出題した。図だけではなく，会話文もヒントにして解答する問題は，共通テストでも出題される可能性が高い。本問をくり返し解き直しておこう。**B**ではバイオームの垂直分布に関する知識問題と考察問題を出題した。共通テストでも図2のように写真が出てくることもあるが，本問のように解答にはそこまで影響しない場合が多い。初見の図（写真）に臆することなく，問われている内容に正確に解答することだけを意識したい。

A

問1　 12 　正解は ② 　問題難易度　★

　人の手が入り，コナラやアカマツなどの雑木林が広がる一帯は里山と呼ばれ，その環境に適応した多くの動植物が生活しており，生物多様性が大きい。里山の雑木林は，下草刈りや間伐などを行わないと林床の照度が低下する。陽樹は光補償点が高い（ **ア** ）ことから，林床の照度が低下すると陽樹の幼木は生育できなくなる。このため，定期的な管理が放棄された里山の雑木林では，陽樹林から混交林を経て陰樹林へと遷移が進行（ **イ** ）してしまい，動植物の多様性が失われてしまう。したがって，**②**を選ぶ。

問2　 13 　正解は ⑤ 　問題難易度　★

　生物を栄養の取り方によって分類したものを栄養段階という。ラファエレア菌の栄養段階は，ケイタの台詞「植物を栄養源とする」より，植物を摂食して栄養を獲得する一次消費者である。また，問題文より，「ラファエレア菌は酵母と同じ菌類に含まれる」ことから，真核生物である。すなわち，ラファエレア菌の細胞には核やミトコンドリアなどの細胞小器官が含まれており（Ⅰは誤りでⅡは正しい），酵母と同様に細胞壁をもつと考えられる。なお，すべての生物は細胞からなり，細胞には外部との境界となる細胞膜が必ず存在するため，<u>細胞膜の代わりに細胞壁をもつこ</u>

とはない（Ⅲは誤り）。したがって，⑤を選ぶ。

問3　|14|　正解は③　問題難易度 ★★★

ⓓ 図1より，枯死木の場合，キクイムシに侵入されたコナラ林の胸高直径が年々小さくなっていることから，キクイムシは胸高直径が小さいコナラよりも大きいコナラを好んで侵入すると考えられる。すなわち，枯死木は胸高直径が大きい方が，キクイムシに侵入されやすいと推測できる。しかし，生存木の場合，キクイムシはほぼ同じくらいの胸高直径であるコナラ林に侵入しており，胸高直径の大小はキクイムシの侵入のしやすさにあまり影響を与えないと推測できる。したがって，誤り。

ⓔ 図1では，キクイムシに侵入された木の本数に占める生死の割合がわからない。このことから，キクイムシが生存木よりも枯死木を好むと推測することはできない。したがって，誤り。

ⓕ **問1**の解説文でも記述したが，枯死木の場合，キクイムシは胸高直径が大きいコナラに侵入しやすい。このことから胸高直径は大きい枯死木を伐採するような管理をした場合，キクイムシによる被害の拡大を軽減できる可能性がある。したがって，正しい。

以上のことから，ⓕのみが正しいため，③を選ぶ。

一歩深く！▶

ラファエレア菌（以下，菌）はキクイムシの菌のう内に生息し，キクイムシがコナラに侵入すると，菌もコナラに侵入して増殖する。したがって，菌はキクイムシから生息場所のみならず，栄養源を得られる場所も提供されていると考えられる。これに対して，キクイムシは生存木よりも枯死木を好み，菌の侵入によってコナラが枯死した場合，キクイムシが侵入しやすくなる。また，餌となる菌を菌のう内に含んでおり，栄養を提供されているとも考えられる。したがって，キクイムシと菌は双方に利益があると推測できる。このこともナラ枯れが進行する要因の一つと考えられている。

B

問4　|15|　正解は①　問題難易度 ★

|ウ|：一般に気温は，海抜高度が100m増すごとに0.5〜0.6℃下がる。したがっ

て，水平分布と同様のバイオームが，低地から高地にかけて垂直方向にみられる。このような，標高に応じたバイオームの垂直方向の分布を垂直分布という。本州中部では，標高700m付近までの丘陵帯にはシイやカシなどの照葉樹林，標高1700m付近までの山地帯にはブナやミズナラなどの夏緑樹林，標高2500m付近までの亜高山帯にはシラビソやオオシラビソ，コメツガなどの針葉樹林がみられる。亜高山帯の上限を森林限界といい，森林限界より標高の高い地帯の高山帯では，ハイマツ・キバナシャクナゲなどの低木林のほか，コマクサ・コケモモ・クロユリなどの高山植物の草原（お花畑）が広がる。なお，緯度により年平均気温が異なることから，それぞれのバイオームの境界となる標高は，緯度が高いほど低くなると考えられる。

　　エ ・ オ ：リード文より，撮影場所にはコマクサが生育しているのがわかる。上述の通り，コマクサは高山植物の代表例であるので，写真を撮影した場所は森林限界を超えた高山帯である。本問では高山帯が成立する標高がより低い斜面方向が問われているが，気温は日射量にも影響を受けることを考慮すると，南斜面よりも北斜面の方が日射量が少なく気温も低いため，北（ エ ）斜面の方が南（ オ ）斜面よりも低くなると考えられる。

以上のことから，① を選ぶ。

要点整理▶

バイオームの境界は $\left\{ \begin{array}{l} \text{・緯度が高いほど} \\ \text{・北斜面の方が南斜面より} \end{array} \right\}$ 低くなる。

問5 　16　　正解は ②　問題難易度　★

　　問4の解説文で記した通り，図2は高山帯で撮影されたものである。したがって，写真を撮影した場所は図3の**カ**となる。また，問4の解説文で記した通り，高山帯にはハイマツの低木がみられる（Ⅱが正しい）。なお，上述の通り，針葉樹林は亜高山帯で成立するため，Ⅰは誤り。また，高山帯は冬季の気温が低く，常緑広葉樹林は生育できないため，Ⅲは誤り。したがって，② を選ぶ。

ブレイクタイム▶

ハイマツは高山帯にみられる高山植物の一種である。high マツと覚えよう。

解答
解説
第**4**回

解説動画

出演：緒方準平先生

4

問題番号（配点）	設問		解答番号	正解	配点	自己採点①	自己採点②
第1問 (18)	A	問1	1	①	3		
		問2	2	④	3		
		問3	3	②	3		
	B	問4	4	④	3		
		問5	5	④	3		
		問6	6	⑤	3		
		小計（18点）					
第2問 (16)	A	問1	7	⑧	2		
		問2	8	⑥	3		
		問3	9	②	3		
	B	問4	10	⑥	2		
		問5	11	②	3		
		問6	12	①	3		
		小計（16点）					
第3問 (16)	A	問1	13	④	3		
		問2	14	②	3		
		問3	15	④	4		
	B	問4	16	③	3		
		問5	17	⑧	3		
		小計（16点）					
合計（50点満点）							

第4回 実戦問題

□第1問 【細胞内共生／遺伝子とゲノム】

ねらい

Aでは生物の共通性と多様性に関する分野から，細胞内共生を主題とした知識問題と考察問題を出題した。問1では光合成の過程をエネルギー変換の観点からきちんと理解してほしい。また，問3では実験や資料から推論できる内容とできない内容を判断する能力を問うている。Bでは遺伝子の発現に関する正しい理解を主題とした知識問題と考察問題を出題した。いずれも生物を学ぶ上で重要な用語であるため，それぞれの用語を正確に理解してほしい。

解説

A

問1 　1　　正解は ①　問題難易度 ★★

葉緑体では，吸収した光エネルギーを利用して二酸化炭素と水から有機物を合成している。このはたらきを光合成という。葉緑体で吸収した光エネルギーは，一度ATPの化学エネルギーに変換される。その後，ATPをADPとリン酸に分解する過程で生じた化学エネルギーをもとに二酸化炭素と水から有機物を合成している。このように，光合成では葉緑体が吸収した光エネルギーを直接利用しているのではなく，化学エネルギーにして利用している。したがって，①が正しく，他は誤りである。

問2 　2　　正解は ④　問題難易度 ★★

真核細胞にみられるミトコンドリアと葉緑体は，それぞれ好気性細菌とシアノバクテリアが原始的な生物に共生して生じたとする説を細胞内共生説という。このことを踏まえて，各選択肢を検討する。

ⓐ 核膜は細胞膜が陥入することで生じたとする説もあるが，細胞内共生説の説明ではない。したがって，不適である。

ⓑ 上述の通り，好気性細菌は原始的な生物に取り込まれ，ミトコンドリアの起源になったと考えられている。したがって，誤りである。

ⓒ　細胞内共生によって生じた細胞小器官はミトコンドリアと葉緑体であり，核は含まれない。したがって，誤りである。

ⓓ　ミトコンドリアや葉緑体は，その内部に核 DNA とは異なる独自の DNA をもつ。このことは，ミトコンドリアや葉緑体が原始的な生物に細胞内共生して生じたとされる根拠の一つである。したがって，適する。

　　以上のことから，ⓓのみが適するため，④ を選ぶ。

問 3　｜ 3 ｜　正解は ②　問題難易度　★★

ⓔ　葉緑体を取り込んだ腸の細胞の核 DNA に取り込んだ葉緑体の DNA が含まれるかどうかは，腸の細胞の核 DNA の塩基配列を調べていないので判断できない。したがって，推論として誤りである。

ⓕ　問題文より，ウミウシが藻類から取り込んだ葉緑体は「細胞に取り込まれることで光合成能は長期間維持される」ことから，藻類から取り込んだ葉緑体を含むウミウシの細胞内には，葉緑体の光合成能を維持するのに必要なタンパク質が含まれている可能性がある。したがって，推論として正しい。

ⓖ　ウミウシにおいて，藻類から取り込んだ葉緑体を含む細胞内で呼吸がさかんに行われているかどうかは，細胞内の呼吸速度を調べていないので判断できない。したがって，推論として誤りである。

　　以上のことから，ⓕのみが正しいため，② を選ぶ。

B

問 4　｜ 4 ｜　正解は ④　問題難易度　★

ⓗ・ⓘ　図 2 にはホルモン Z を指定する遺伝子領域を含む DNA の一部と，その遺伝子の転写によって合成された mRNA の一部が示されている。図 2 より，X 鎖の配列は A，T，G，C の 4 種類の塩基からなるのに対し，Y 鎖の塩基配列は A，U，G，C の 4 種類からなる。DNA は塩基として A，T，G，C の 4 種類をもつのに対して，RNA は A，U，G，C の 4 種類をもつことから，X 鎖の塩基配列が DNA，Y 鎖の塩基配列は mRNA であるとわかる。したがって，いずれも正しい。

ⓙ　DNA の A，T，G，C に相補的な塩基は mRNA ではそれぞれ U，A，C，G である。図 2 より，X 鎖の塩基配列と Y 鎖の塩基配列は互いに相補的な塩基からなることから，図 2 で示されている DNA は，転写の際に鋳型となった鎖（鋳型鎖）

であるとわかる。したがって，誤り。

　以上のことから，ⓗ・ⓘが正しいため，④を選ぶ。

問5　　5　　正解は④　問題難易度　★

　　ア　：問題文にも記述されているが，翻訳では連続した3個の塩基ごとに一つの
アミノ酸が指定される。ホルモンZは110個のアミノ酸からなることから，この
アミノ酸配列に対応するmRNAの塩基数は，少なくとも $3 \times 110 = 330$（　ア　）
個であるとわかる。

　　イ　：　ア　で解説した通り，ホルモンZを指定するmRNAの塩基数は330個
である。このmRNAに対応するDNAの鋳型鎖の塩基数は330個であることか
ら，mRNAの鋳型となったDNAの塩基数は，330（　イ　）個であると考えら
れる。

　以上のことから，④を選ぶ。

問6　　6　　正解は⑤　問題難易度　★★

　①・②　問題文より，ホルモンZは血糖濃度の低下に関わるホルモンとあることか
ら，ホルモンZはインスリンであると考えられる（①は正しい）。糖尿病患者は慢
性的に血糖濃度が高い状態であるため，インスリンを注射することで血糖濃度を
低下させることがある（②は正しい）。

　③〜⑤　多細胞生物のからだを構成するすべての細胞は，1個の受精卵の体細胞分
裂により生じたものである。したがって，からだを構成するすべての細胞は，基
本的に同じゲノムをもつ。細胞が同じ遺伝情報をもっていても特定の機能や形を
もつのは，すべての遺伝情報が常に発現するわけではなく，発生段階やからだの
部位に応じて発現する遺伝子が異なるためである。このことを踏まえると，ホル
モンZを指定する遺伝子はほぼすべての体細胞がもち，ホルモンZの遺伝子量に
体細胞間での差異はない（③は正しく，⑤は誤り）。また，インスリンはすい臓の
ランゲルハンス島B細胞のみで合成されることから，インスリン遺伝子の転写に
よるmRNAはすい臓のランゲルハンス島B細胞からのみ抽出可能である（④は
正しい）。

　本問では**適当でないもの**が問われているため，⑤を選ぶ。

□第2問　【体温調節のしくみ／体液性免疫】

ねらい

　　Aではウサギを利用した寒冷刺激・温熱刺激の実験を主題とした知識問題と考察問題を出題した。本問を通して，視床下部や体温調節に関する理解を深めておこう。Bでは生体防御に関する知識問題を出題した。特に問5は病原体を認識してから抗体が産生されるまでの過程をきちんと覚えていないと正答が難しいため，一連の過程を断片的ではなく一つのストーリーとして捉えられるように努力してほしい。

解説

A

問1　　　7　　　正解は ⑧　問題難易度　★★

ⓐ　排出管をもたない分泌腺を内分泌腺といい，内分泌腺で合成されたホルモンは排出管を介することなく，直接血液中に分泌される。したがって，誤り。

ⓑ　上述の通り，通常，内分泌腺で合成されたホルモンは直接体液中に分泌されるが，バソプレシンは視床下部の神経分泌細胞で合成された後，そのまま脳下垂体後葉まで運ばれて脳下垂体後葉から血液中に分泌される（次の図）。したがって，正しい。やや細かい知識であるが，これを機にきちんと覚えておこう。

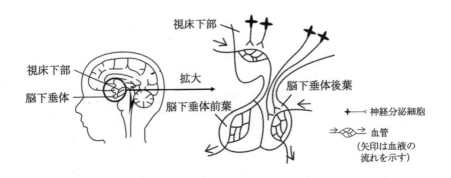

ⓒ　視床下部から甲状腺刺激ホルモン放出ホルモンや副腎皮質刺激ホルモン放出ホルモンが分泌されると，脳下垂体前葉から甲状腺刺激ホルモンや副腎皮質刺激ホルモンが分泌される。このように，視床下部は脳下垂体前葉からのホルモン分泌を調節するはたらきをもつ。したがって，正しい。

ⓓ　心臓の拍動中枢は延髄であり，視床下部ではない。したがって，誤り。

　　以上のことから，ⓑ・ⓒが正しいため，⑧を選ぶ。

要点整理▶　バソプレシンの合成場所・分泌場所

　バソプレシンは，視床下部で合成され，脳下垂体後葉から分泌される。

問2　　8　　正解は⑥　問題難易度　★

　　体温調節や血糖濃度，体液濃度調節の中枢は間脳（　ア　）の視床下部である。血液は，酸素や二酸化炭素，ホルモンなど各種物質を運搬するほか，熱を運搬する。**実験1**では，ウサギの後ろ半身の皮膚に寒冷刺激を与えることで，血液の温度が低下する。血液の温度の低下は間脳の視床下部で感知され，交感神経がはたらく。交感神経は肝臓での代謝を促進して熱生産量を増加させるほか，体表血管や立毛筋を収縮（　イ　）させて放熱量を減少（　ウ　）させる。その結果，体表血管に流れる血液量が減少するため体表温は低下するが，深部温は一定に保たれる。したがって，⑥が正しい。

問3　　9　　正解は②　問題難易度　★

ⓔ・ⓕ　本問では，ウサギの後ろ半身の皮膚に温熱刺激を与えることで，血液の温度が上昇すると考えられる。寒冷刺激時と同様に，血液の温度の上昇は間脳の視床下部で感知され，その結果，交感神経のはたらきが抑制され，体表血管や立毛筋は弛緩して体表からの放熱量が増加する。このため，体表血管に流れる血液量が増えて体表温は上昇するが，**実験1**の結果を踏まえると，深部温は変わらない（ⓕは正しい）。なお，体表血管や立毛筋には副交感神経が接続していないことから，体表血管や立毛筋の弛緩は副交感神経のはたらきではないことに注意しよう（ⓔは誤り）。

ⓖ　寒冷刺激を受けた場合，放熱量が減少するほか，熱生産量が増加する。熱生産量の増加には，肝臓における代謝の活性化が寄与している。上述の通り，本問ではウサギに温熱刺激を与えていることから，肝臓における代謝は活性化しないと考えられる（ⓖは誤り）。

　　以上のことから，ⓕのみが正しいため，**②**を選ぶ。

B

問 4　　10　　正解は **⑥**　問題難易度　★

　後述するが，抗体は B 細胞から分化した形質細胞(抗体産生細胞)（　オ　）が血液中に分泌するタンパク質であり，尿中には含まれない。このため，ウイルスに対する抗体をもつかどうかを検査する抗体検査では，血液（　エ　）を採取する必要がある。したがって，**⑥**を選ぶ。

問 5　　11　　正解は **②**　問題難易度　★★

　体内に侵入した病原体を排除するしくみとして自然免疫と適応(獲得)免疫がある。適応免疫はさらに B 細胞を中心とした免疫反応である体液性免疫と，T 細胞など免疫細胞がウイルス感染細胞を直接攻撃する免疫反応である細胞性免疫に分けられる。本問では，「抗体が産生されるまでに起こる反応」が問われていることから，適応免疫のうち，体液性免疫のしくみが問われている。

　体液性免疫のしくみを示すと，次のようになる。体内に侵入した病原体は，樹状細胞などの食細胞に取り込まれる（**①**は正しい）。樹状細胞はリンパ節へと移動し，分解した病原体の断片を細胞表面に出す。これを抗原提示といい，ヒスタミンの分泌は伴わない（**②**は誤り）。なお，ヒスタミンは白血球の一種であるマスト細胞（肥満細胞）から分泌されるものであり，アレルギーに関与する。樹状細胞に提示された抗原を認識したヘルパー T 細胞は活性化する。B 細胞は樹状細胞からの抗原提示なしに病原体の抗原を直接認識し（**③**は正しい），同じ抗原情報を認識して活性化したヘルパー T 細胞によって活性化される（**④**は正しい）。活性化された B 細胞は増殖して形質細胞(抗体産生細胞)へと分化し，抗体を産生して体液中に放出する（**⑤**は正しい）。抗体は血液中を流れて特定の病原体と特異的に結合(抗原抗体反応)し，病原体の感染力や毒性を弱めるとともに，マクロファージによる病原体の排除を促進する。

以上のことから，②を選ぶ。なお，病原体の認識から抗体産生までの過程を図示すると，次図のようになる。

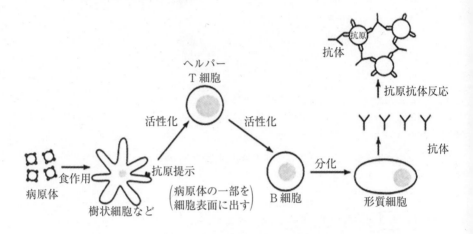

図　適応免疫のしくみ

問6　　12　　正解は①　問題難易度　★

　　適応免疫において，はじめて侵入した病源体に対する免疫応答を一次応答という。一次応答では，T 細胞や B 細胞の一部が記憶細胞として体内に保存される。記憶細胞は，次に同じ病原体が侵入したときに速やかに増殖して免疫反応を引き起こす(二次応答)ことが知られている。

　　弱毒化または不活化した病原体をワクチン(　カ　)といい，ワクチンを接種することで抗体をつくる能力を人為的に高めて免疫を獲得する方法を予防接種という。ワクチンを接種すると，体内では接種した病原体に対する一次応答(　キ　)が引き起こされる。このとき，記憶細胞が体内に保存される。その後，実際の病原体が感染した場合，ただちに二次応答(　ク　)が引き起こされるので，病原体による感染症の発症が抑制される。

　　以上のことから，①を選ぶ。なお，外界からの異物に対して過剰な免疫反応が起こることをアレルギーといい，アレルギー反応を引き起こす物質をアレルゲンという。アレルギー反応により，急激な血圧低下や呼吸困難などの症状が現れることをアナフィラキシーショックという。また，通常，免疫反応は自己の成分に対して起

こらない。この状態を免疫寛容という。一方で，本来は外界から侵入した病原体を攻撃する免疫反応が，自分自身の正常な細胞や組織を攻撃してしまうことを自己免疫疾患という。

要点整理 ▶ 予防接種と血清療法

	予防接種	血清療法
即効性	なし	あり
持続性	あり	なし
記憶細胞の形成	あり	なし

□ 第３問　【日本のバイオーム／植生の遷移】

ねらい

　Ａでは生態系の保全・植生の多様性と分布の分野から知識問題と考察問題を出題した。**問3**の実験計画問題は，苦手意識をもつ受験生も多いのではないだろうか。同様の問題は共通テストでも出題される可能性が高いことから，本問を通して，苦手意識を払拭してほしい。**Ｂ**では生態系におけるエネルギーの流れと光の強さと二酸化炭素吸収速度の関係について出題した。光の強さと二酸化炭素吸収速度の関係は，遷移の過程を併せてきちんと理解してほしい。

解説

Ａ

問１　| 13 |　正解は ④　問題難易度　★★

　日本における二酸化炭素濃度は，岩手県の綾里，沖縄県の与那国島，東京都の南鳥島で継続的に観測されている。図１において，地点Ａは綾里，地点Ｂは与那国島である。本問では，地点Ａと地点Ｂのうち，１年間における二酸化炭素濃度の変動が大きい地点が問われている。二酸化炭素は植物の光合成によって吸収されることに留意すると，１年間における大気中の二酸化炭素濃度の変動は，１年間における植物の光合成量に影響を受けると考えられる。

　ここで，地点Ａと地点Ｂにおけるバイオームを確認する。日本のバイオームの水平分布を踏まえると，地点Ａの綾里は夏緑樹林，地点Ｂの与那国島は亜熱帯多雨林である。夏緑樹林にみられる主な樹種はブナやミズナラなどの落葉広葉樹であり，冬季には落葉する。このため，地点Ａでは，冬季は落葉により光合成量が低下することで大気中の二酸化炭素濃度は大きく上昇するが，夏季は光合成がさかんに行われるために大気中の二酸化炭素濃度は大きく低下すると考えられる。

　一方，亜熱帯多雨林にみられる主な樹種はガジュマルやヘゴなどの常緑広葉樹であり，年間を通じて葉が展開する。このため，地点Ｂでは，年間を通じて光合成量に大きな差がないために大気中の二酸化炭素濃度もあまり変化しないと考えられる。

　したがって，地点Ａでは１年のうちで光合成を行う期間が短いため（Ⅳが正しい）に，１年を通して光合成を行うことができる地点Ｂと比較して，１年間における大

気中の二酸化炭素濃度の変動が大きい（ⓐが正しい）と考えられる。

以上のことから，④を選ぶ。

問2 　14　 正解は ②　問題難易度 ★★

　日本の場合，年間の降水量はどの地域でも十分であり，森林が成立する。このため，バイオームは年平均気温で決まり，年平均気温の低い北海道から年平均気温の高い沖縄にかけて，針葉樹林・夏緑樹林・照葉樹林・亜熱帯多雨林が成立する。また，標高が高くなるにつれて気温が低くなることから，年平均気温は垂直方向にも変化がみられ，それに応じたバイオームが成立する。これを垂直分布という。本州中部では，丘陵帯には照葉樹林が成立するが，標高が高くなるごとに夏緑樹林・針葉樹林・高山草原が成立するようになる。なお，森林が成立しなくなる標高を森林限界といい，本州中部では約 2500m である。標高が 100m 高くなると気温が 0.6℃ 低下することから，地球温暖化で気温が 1.2℃ 上昇した場合，森林限界の標高は，現存より $100 \times \dfrac{1.2}{0.6} = 200$m 程度高くなると考えられる。これらを踏まえて選択肢を検討する。

ⓒ・ⓔ　地球温暖化による年平均気温の上昇により森林限界は高くなることから，高山草原の分布域は狭くなると考えられる（ⓒは誤り）。また，これにより，針葉樹林と高山草原の境界であった 2500m には針葉樹林が成立する。アラカシは照葉樹林（標高 0 ～ 500m に成立）であることから，地球温暖化によって森林限界が高くなっても，2500m 付近に多く分布するようにはならない（ⓔは誤り）。

ⓓ　上述したように，地球温暖化によって年平均気温が上昇すると，本州中部の山岳地帯では照葉樹林と夏緑樹林の境界となる標高が高くなる。本州中部の丘陵帯には照葉樹林が成立していることから，照葉樹林の分布域は広がると考えられる（ⓓは正しい）。

ⓕ　バイオームの境界は北斜面よりも南斜面の方が高い。この関係は地球温暖化によって年平均気温が上昇しても変わらず，逆転することはない（ⓕは誤り）。

　以上のことから，ⓓのみが正しいため，②を選ぶ。

問3 　15　 正解は ④　問題難易度 ★★★

　実験1より，肥料にココナッツハスクを加えると土壌中の N_2O 排出量が減少していることから，ココナッツハスクはカビ X の N_2O 排出量を減少させるはたらきを

もつことがわかる。ここで，**実験2**より，ココナッツハスクにはダニ Y が多く生息していたことを踏まえ，「ココナッツハスクを与えたことにより増加したダニ Y がカビ X を摂食することで，土壌からの N_2O 排出量が減少する」という仮説が立てられる。本問では，この仮説を支持する実験とその結果が問われている。

①　**実験1**の二つの区画におけるダニ Y の個体数を比較した場合，ダニ Y はココナッツハスクを生育場所として増加した結果，個体数はココナッツハスクを与えた区画の方が多くなれば，仮説が支持される。したがって，正しい。

②・③　まず，ダニ Y がカビ X を捕食するかどうかを検証するために，カビ X とダニ Y を同じ培地上に置き，ダニ Y がカビ X を捕食することを確かめる必要がある（③ は正しい）。その上で，**実験1**の二つの区画におけるカビ X の個体数を比較した場合，ココナッツハスクを与えた区画では，ココナッツハスクにより増加したダニ Y の摂食によって，カビ X の個体数は少なくなると考えられる（② は正しい）。

④　ダニ Y を含む菌食性の土壌動物を駆除した二つの区画を用意し，一方には肥料のみ，もう一方には肥料とダニ Y を与えて N_2O 排出量を測定する。その結果，ダニ Y を加えた区画では，ダニ Y によってカビ X の個体数が減少するため，ダニ Y を加えていない区画と比較して，N_2O 排出量は少なくなると考えられる。したがって，誤り。

⑤　ダニ Y を含む菌食性の土壌動物を駆除した二つの区画を用意した後，一方には肥料とダニ Y，もう一方には肥料とダニ Y に加えてココナッツハスクを与えて N_2O 排出量を測定したところ，後者ではダニ Y がココナッツハスクを生育場所として増殖し，カビ X を捕食したことでカビ X の個体数が減少した結果，N_2O 排出量は少なくなると考えられる。したがって，正しい。

　　本問は誤っているものを選ぶことから，④ を選ぶ。

B

問4　　16　　正解は ③　問題難易度　★

　　生態系内を流れるエネルギーは，太陽から光エネルギーとして供給される。光エネルギーは，生産者（　ア　）が行う光合成に利用される。光エネルギーは光合成の過程で，二酸化炭素と水から有機物中の化学（　イ　）エネルギーへと変換される。その後，有機物中の化学エネルギーは，食物連鎖（　ウ　）を通して生産者か

ら消費者，そして消費者（ エ ）の間を流れ，最終的には熱エネルギーとして生態系外へと放出される。したがって，**③** を選ぶ。なお，生物に取り込まれた物質のうち，分解されにくく排出されにくい物質が，高次の消費者の体内により高濃度に蓄積することを生物濃縮という。

問5 　**17**　正解は **⑧**　問題難易度 ★★

　森林における植生の一次遷移では，草本の定着によって土壌の形成がさらに進むと，陽樹などの木本が生育するようになる。陽樹が成長することで形成された陽樹林では，林冠を陽樹が覆うことで林床の照度が低下する。このため，陽樹の幼木は生育しにくくなるが，このような光環境でも，陰樹の幼木は生育できる。後述するが，これは陽樹と陰樹の光補償点の違いによる。陰樹の成長によって陽樹と陰樹の混交林が形成された後，陽樹の成木が枯れると陰樹が残り，陰樹林が形成される。陰樹林では構成する樹種に大きな変化がみられなくなる。このような状態を極相といい，このときの森林を極相林という。

　ここで，植物の光の強さと光合成速度の関係について確認する。植物の光合成速度，呼吸速度は単位時間当たりに吸収（放出）する二酸化炭素量から求めることができる。

　温度と二酸化炭素の濃度を一定にして，光の強さと単位時間当たりの二酸化炭素吸収量の関係をグラフに表すと，次頁の図のようになる。植物を暗条件に置いた場合，呼吸だけが行われるため，二酸化炭素吸収量はマイナスとなる。光が当たると呼吸のみならず光合成も行われるようになり，やがて呼吸による二酸化炭素放出量と光合成による二酸化炭素吸収量が等しくなることで，見かけ上の二酸化炭素吸収量が0になる。このときの光の強さは光補償点と呼ばれ，植物は光補償点よりも小さい光の下で生育することができない。すなわち，光補償点が小さいほど，弱光の光環境での生育に適している。さらに光が強くなると，ある光の強さ以上では，光が強くなっても光合成速度が変化しなくなる。このときの光の強さは光飽和点と呼ばれる。

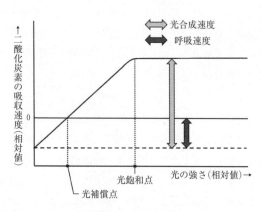

図　光の強さと光合成速度の関係

　上図を踏まえて，陽樹（陽生植物）と陰樹（陰生植物）の光の強さと光合成速度の関係を示すと，下図のようになる。

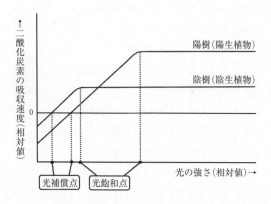

図　陽樹と陰樹の光の強さと光合成速度の関係

　上図より，陰樹は陽樹と比較して，光補償点，光飽和点のいずれも小さいことがわかる。このことから，陰樹は陽樹が生育不可能な弱光下でも生育することができることがわかる。以上の内容を踏まえて解答を検討する。

　スダジイやアカマツは暖温帯で生育する代表種であり，スダジイは陰樹，アカマツは陽樹である。遷移の過程において，スダジイなどの陰樹はアカマツなどの陽樹

の後(オ)に現れる。このため，図 3 のグラフがスダジイのものであると仮定

し，図 3 中にアカマツにおける光の強さと二酸化炭素吸収速度の関係を描いた場合，

スダジイと比較してアカマツの呼吸速度は大きく，最大光合成速度も大きいことか

ら，スダジイよりも Z の値（＝光補償点）は b(カ)の方向に，W の値（＝光飽和

点）は d(キ)の方向に移動すると考えられる。

　　以上のことから，⑧ を選ぶ。

解答解説 第5回

問題番号 (配点)	設問		解答番号	正解	配点	自己採点 ①	自己採点 ②
第1問 (16)	A	問1	1	②	2		
		問2	2	③	3		
		問3	3	④	3		
	B	問4	4	④	2		
		問5	5	④	3		
		問6	6	③	3		
小計（16点）							
第2問 (17)	A	問1	7	④	4		
		問2	8 - 9	① - ③	6 (各3)		
	B	問3	10	②	3		
		問4	11	⑦	4		
小計（17点）							
第3問 (17)	A	問1	12	②	4		
		問2	13 - 14	④ - ⑥	6 (各3)		
	B	問3	15	①	4		
		問4	16	④	3		
小計（17点）							
合計（50点満点）							

(注)―（ハイフン）でつながれた正解は，順序を問わない。

第5回 実戦問題

□ 第1問 【系統樹／細胞周期】

ねらい

Aでは生物の特徴に関する分野から出題した。系統樹は生物基礎の教科書で扱っているのにもかかわらず、きちんと理解できている受験生は少ない。本問を通して、系統樹に関する理解を深めてほしい。また、**問3**は与えられた問題文自体が解答のヒントになっている。同様の問題は過去の共通テストでも出題されているため、本問をくり返し解き直し、本問のような問題形式に慣れてほしい。**B**では細胞周期を主題とした知識問題および考察問題を出題した。細胞周期を主題とした問題は、センター試験も含めると過去に何回も出題されている。計算問題の解答方法やグラフの見方も含めてよく復習し、今後同様の問題が出題された際には確実に正解できるよう復習してほしい。

A

問1 | 1 | 正解は ② 問題難易度 ★

ⓐ 植物細胞の細胞膜の外側には細胞壁がある。細胞壁は細胞膜の代わりではない。したがって、誤り。

ⓑ 植物細胞と動物細胞は真核細胞であり液胞をもつが、植物細胞の液胞は動物細胞と比べて大きく発達している。したがって、正しい。

ⓒ 植物細胞がもつ細胞小器官のうち、DNA をもつものは核・葉緑体・ミトコンドリアである。これらを大きいものから順に並べると、核＞葉緑体＞ミトコンドリアとなる。したがって、誤り。

ⓓ 植物細胞がもつ細胞小器官のうち、ATP を合成するものは葉緑体とミトコンドリアである。したがって、誤り。

　　以上のことから、ⓑのみが正しいため、**②** を選ぶ。

問2 | 2 | 正解は ③ 問題難易度 ★★

まず、5種の生物のうち、真核生物はアオミドロ、スギゴケ、酵母、サンゴであり、原核生物は大腸菌のみである。ミトコンドリアは原始的な細胞に好気性細菌が細胞内共生したことで生じたと考えられており、すべての真核細胞はミトコンドリ

アをもつ。このことから，5種の生物の共通祖先から大腸菌と大腸菌以外に分岐した段階（②）で，大腸菌以外の4種の生物の共通祖先がミトコンドリアを獲得したと考えられる。したがって，ミトコンドリアを獲得した段階は②である。

　次に，葉緑体は原始的な真核細胞にシアノバクテリアが細胞内共生したことで生じたと考えられている。光合成を行う真核生物（アオミドロ・スギゴケ）はすべて葉緑体をもつことから，これらの生物の共通祖先からこれらの生物が分岐する前の段階（③）で，これらの生物の共通祖先が葉緑体を獲得したと考えられる。本問では葉緑体を獲得した段階が問われていることから，③を選ぶ。

問3　　3　　正解は④　問題難易度 ★★

　核は一つの細胞にふつう一つ存在するが，ミトコンドリアは一つの細胞に複数存在する（　ア　）。このため，解析したいDNAが核DNAである場合，一つの細胞からは一つの核DNAしか得ることができないが，ミトコンドリアに含まれるmtDNAの場合は一つの細胞からでも多量に得ることができる。ただし，現在はDNAを人工的に増幅する技術（PCR法）が確立されており，少量のDNAでも短時間で増幅することが可能である。また，mtDNAのゲノムサイズは核DNAよりも小さいことから，分析しやすい。

　設問文に記述されている通り，精子のミトコンドリアは受精の際に卵に進入すると分解されてしまう。したがって，受精卵内のmtDNAは卵由来のものだけになる。すなわち，mtDNAを利用することで，母（　イ　）系の系統を調べることができる。したがって，④を選ぶ。なお，ミトコンドリアはすべての生物ではなく真核生物にのみ存在する。

B

問4　　4　　正解は④　問題難易度 ★★

　体細胞分裂の過程において，分裂が終わってから次の分裂が終わるまでの過程を細胞周期という。細胞周期は間期と分裂期（M期）からなる。さらに，間期はG₁期（DNA合成準備期），S期（DNA合成期），G₂期（分裂準備期）に分けられ，分裂期（M期）は，前期，中期，後期，終期に分けられる。

　ここで，図3を理解するために，細胞周期と細胞当たりのDNA量の変化について復習する。G₁期のDNA量を1とすると，S期でDNAが一定の速度で複製され，

S期が終わった時点でDNA量は2になる。その後，細胞はG₂期を経てM期の終期において分裂するため，M期が終わった時点でDNA量は半減して1に戻る（次図）。

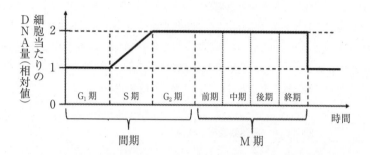

　このことを踏まえて図3を検討する。まず，図3を細胞当たりのDNA量が1のところにピークがある領域（領域 i），DNA量が2のところにピークがある領域（領域ⅲ），その間の領域（領域ⅱ）の三つに分ける（次図）。ここで，上述の細胞周期と細胞当たりのDNA量の変化を照らし合わせると，領域(i)はG₁期の細胞，領域(ⅲ)はG₂期とM期の細胞，領域(ⅱ)はS期の細胞であることがわかる。したがって，ⓔは正しい。

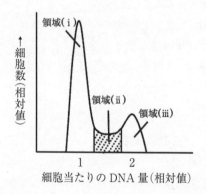

　次に，細胞周期の各時期に属する細胞数の割合は，細胞周期の各時期に要する時間の割合と一致することに留意すると，領域(i)は領域(ⅲ)よりも細胞数が多いことから，G₁期の長さは，M期の長さよりも長いことがわかる（ⓕは正しい）。このとき，領域(ⅲ)にはG₂期とM期に属する細胞が含まれているが，各時期の長さがわからな

いので，M期の長さがG_2期の長さよりも短いかどうかはわからない（⑧は誤り）。

以上のことから，ⓔ，ⓕが正しいので④を選ぶ。

問5　　5　　正解は④　問題難易度　★★

　図4を見ると，細胞群Xを化合物Yで処理したことで，すべての細胞の細胞当たりのDNA量（相対値）が2となっている。**問4**の解説文を踏まえると，細胞当たりのDNA量（相対値）が2の細胞はG_2期とM期であることから，すべての細胞がG_2期またはM期で細胞分裂を停止しているとわかる。このことを踏まえて各選択肢を検討する。

① 化合物Yの作用によってG_1期で細胞分裂が停止した場合，細胞当たりのDNA量（相対値）は1となるはずだが，図4ではすべての細胞の細胞当たりのDNA量（相対値）が2となっている。したがって，誤り。

② 化合物Yの作用によってS期で細胞分裂が停止した場合，細胞当たりのDNA量（相対値）は1〜2の間となるはずだが，図4ではすべての細胞の細胞当たりのDNA量（相対値）が2となっている。したがって，誤り。

③ 化合物Yの作用によってG_1期からS期への移行が停止した場合，細胞当たりのDNA量（相対値）は1となるはずだが，図4ではすべての細胞の細胞当たりのDNA量（相対値）が2となっている。したがって，誤り。

④ 化合物Yの作用によってM期から次の細胞周期のG_1期への移行が停止した場合，すべての細胞はM期で細胞分裂が停止し，細胞当たりのDNA量（相対値）は2となる。実際に図4ではすべての細胞の細胞当たりのDNA量（相対値）が2となっていることから，正しい。

　　以上のことから，④を選ぶ。

問6　　6　　正解は③　問題難易度　★★

　問題文の「ある化合物Zは，DNAの複製を阻害する」に留意すると，ある化合物ZはDNAの複製，すなわち分裂をさかんに行っている細胞に対して効果があると推測できる。

ⓗ Ⅰ型糖尿病は，すい臓のランゲルハンス島B細胞からインスリンが分泌されなくなることで，慢性的に血糖濃度が高い状態である。したがって，この疾患には細胞分裂が特に影響しているわけではないことから，不適である。

　ⓘ　バセドウ病は，甲状腺からチロキシンが過剰に分泌されることで，全身の代謝が過剰に促進される状態である。したがって，この疾患には細胞分裂が特に影響しているわけではないことから，不適である。

　ⓙ　骨髄中の細胞ががん化した人に化合物 Z を治療薬として与えた場合，化合物 Z の作用によって DNA の複製が阻害され，骨髄中におけるがん化した細胞の異常な増殖が抑制されると考えられる。したがって，適する。

　　以上のことから，ⓙのみが正しいため，③ を選ぶ。

□ 第 2 問　【レプチンのはたらき／NK 細胞とがん細胞の関係】

ねらい

　A は血糖濃度調節，B はがん細胞と NK 細胞の関係を主題とした問題である。考察問題はいずれも「合理的な推論」を選ぶ形式になっており，実験結果から仮説を立て，論理的に正しいかどうかを判断する必要がある。共通テストでは「思考力」が求められており，このような形式の問題は今後も出題される可能性は高い。本問を何度も解き直し，問題を解く際の考え方を定着させておこう。

A

問1　　7　　正解は ④　問題難易度　★

　ヒトの血液中におけるグルコース濃度を血糖濃度という。血糖濃度は食事や激しい運動などによって変化する。この変化は間脳視床下部で感知される。なお，間脳視床下部は血糖濃度の変化だけでなく，体温の変化も感知する。したがって，イ には間脳視床下部が入る。

　間脳視床下部が血糖濃度の変化を感知すると，自律神経系や内分泌系がはたらく。その結果，血糖濃度は一定の範囲内に保たれる。ヒトの場合，空腹時の血糖濃度は血液 100mL 当たり 100mg（0.1 ％）程度に維持されている。血糖濃度の上昇を間脳視床下部が感知すると，副交感神経の作用によりすい臓のランゲルハンス島 B 細胞からはインスリンが分泌される。インスリンは細胞内へのグルコースの取り込みや，細胞におけるグルコースの消費を促進するとともに，肝臓や筋肉でのグルコースからグリコーゲンの合成を促進する。したがって，ア にはインスリンが入る。以上のことから，④ を選ぶ。なお，チロキシンは代謝を促進するはたらきをもつホルモンであり，体温を上昇させるときにはたらく。

要点整理 ▶ 血糖濃度の調節

作用	ホルモンの名称	ホルモンの働き
血糖濃度を増加させる	グルカゴン	肝臓や筋肉においてグリコーゲンの分解を促進する。
	アドレナリン	
	糖質コルチコイド	タンパク質からのグルコースの合成を促進する。
血糖濃度を低下させる	インスリン	肝臓や筋肉においてグリコーゲンの合成を促進する。

問2   8 ・ 9   正解は ① ・ ③ （順不同） 問題難易度 ★★★

① 図2より，間脳視床下部の神経細胞で発現する酵素 X をコードする遺伝子 X を欠損し，酵素 X をもたないマウスは，野生型マウスと比べて体重が減少している。問題文より，レプチンは「間脳視床下部にある摂食調節中枢に作用し，摂食を抑制する」ことに留意すると，酵素 X はレプチンのはたらきを抑制する作用をもつことがわかる。すなわち，遺伝子 X 欠損マウスは，レプチンによる「摂食の抑制」を抑制できず，結果として野生型よりも摂食が抑制され，体重が減少していると考えられる。したがって，正しい。

② 上述の通り，酵素 X はレプチンのはたらきを抑制する作用をもつが，レプチンを注射したことによる酵素 X のはたらきの変化は，この実験からはわからない。したがって，誤り。

③ 遺伝子 X を欠失したマウスにレプチンを注射した場合，レプチンの作用を抑制できないため，摂食がさらに抑制され，体重はさらに低下すると考えられる。したがって，正しい。

④ 遺伝子 X を過剰に発現したマウスでは，レプチンのはたらきが過度に抑制され，摂食量は野生型マウスよりも増加し，体重は増加すると考えられる。本選択肢は遺伝子 X を過剰に発現したマウスにレプチンを注射しているが，酵素 X の作用によりレプチンのはたらきは抑制されるため，野生型マウスよりも増加している摂食量は増加したまま変わらず，体重が野生型マウスよりも低下することはないと考えられる。したがって，誤り。

⑤ 資料2ではレプチンと酵素 X が体重に与える影響がわかるが，体脂肪率に与える影響はわからない。したがって，誤り。なお，実際は体脂肪率の増加にともな

い，レプチンのはたらきを抑制する作用をもつ酵素 X をコードする遺伝子 X の発現量が増加する。その結果，間脳視床下部の神経細胞においてレプチンが作用しにくくなることがわかっている。

以上のことから，①と③を選ぶ。

B

問3　　10　　正解は ②　問題難易度　★

ⓐ　B 細胞から分化した形質細胞は，抗体を産生することで病原体を排除するため，不適。

ⓑ　キラー T 細胞はヘルパー T 細胞によって活性化し，がん細胞やウイルス感染細胞などに直接作用して排除するため適する。

ⓒ　好中球は食細胞の一種であり，病原体を食作用で取り込んで排除するはたらきをもつが，がん細胞やウイルス感染細胞など自己の細胞に直接作用して排除することはないため不適。

以上のことから，ⓑのみが正しいため，②を選ぶ。

問4　　11　　正解は ⑦　問題難易度　★★

ⓔ　**実験3**より，NK 細胞はタンパク質 X を分泌しないがん細胞と混合することで活性が高くなっている。実験文より，「いずれのがん細胞にも細胞膜上にタンパク質 X は存在する」とあることから，NK 細胞は受容体 Y を介してがん細胞のタンパク質 X と結合して活性化し，がん細胞に直接作用して排除すると推測できる。したがって，正しい。

ⓕ　**実験1**より，がん細胞はタンパク質 X を分泌するほか，がん細胞の細胞膜上にもタンパク質 X は存在する。**実験3**より，NK 細胞をがん細胞と混合した際，NK 細胞の活性は，タンパク質 X が試験管中にあるときの方がないときよりも低くなっている。**実験2**より，NK 細胞はタンパク質 X と結合する受容体 Y をもつことから，がん細胞からタンパク質 X が分泌されると，これが NK 細胞の受容体 Y に結合してしまい，がん細胞の細胞膜上のタンパク質 X に結合できず，がん細胞に直接作用しにくくなると推測できる。したがって，正しい。

ⓖ　がん患者の血中タンパク質 X 濃度を低下させた場合，NK 細胞の受容体 Y に血中のタンパク質 X が結合しにくくなり，NK 細胞は受容体 Y を介してがん細胞の

細胞膜上に存在するタンパク質 X と結合し，がん細胞に直接作用しやすくなると推測できる。したがって，正しい。

　以上のことから，ⓔ，ⓕ，ⓖがいずれも正しいため，⑦を選ぶ。

□ 第 3 問 【生態系の保全】

ねらい

Ａでは生態系の保全に関する分野から，森林内に道路を敷設する際に生じる生態系への影響を考察する問題を出題した。問題がやや難しく，解答に時間を要した受験生も多いはずなので，問題を解き直し，各選択肢をきちんと正誤判断できるよう努めてほしい。Ｂでは生態系における生物種間の関係に関する考察問題を出題した。二つの図を組み合わせて考察する必要があり，解答が難しい。本問を通して，初見のデータを読み，的確に考察することに慣れてほしい。

Ａ

問 1 　　12 　　正解は ② 　問題難易度　★★★

調査1 では，舗装道路の開通が生態系に与える影響を調べている。生態系の復元力を考慮すると，道路の開通からの経過年数が経っているほど，開通前の森林内におけるもとの非生物的環境を表している。また，道路脇からの距離が近いほど舗装道路の開通による影響が大きく，離れているほど影響が小さいと考えられる。すなわち，開通から 25 年後，道路からの距離が最も離れている 20m の地点が開通による影響が最も小さく，開通前の森林内における元々の非生物的環境を表していると考えられる。

このことに留意すると，開通から 25 年後，道路からの距離が 20m の地点の気温は約 22℃，湿度は約 85％であることから，これが開通前の森林内における元々の非生物的環境を表していると推測できる。以上を踏まえて各選択肢を検討する。

ⓐ 　上述の内容を踏まえると，道路脇からの距離が近く，開通から間もない地点ほど，非生物的環境は開通から 25 年後，道路からの距離が 20m の地点とは大きく異なり，開通前の森林間の状態と異なると推測できる。したがって，誤り。

ⓑ 　図 1 を見ると，道路脇の地点の気温は，開通から 5 年後，10 年後では約 25℃，25年後でも約 24.5℃である。このため，道路の開通は道路脇の気温を上昇させる作用をもつと考えられる。同様に湿度についても考える。道路脇の地点の湿度は，開通から 5 年後では約 72％，10 年後では約 75％，25 年後では約 78％である。このため，道路の開通は道路脇の湿度を低下させる作用をもつと考えられる。したがって，正しい。

ⓒ 開通から25年経過していても，気温や湿度は開通前に近付いてはいるが元の値に
は戻っておらず，道路脇の植生が開通前と同程度まで回復しているとは考えられな
い。したがって，誤り。

　　以上のことから，ⓑのみが正しいため，②を選ぶ。

問2　$\boxed{13}$・$\boxed{14}$　正解は④・⑥（順不同）　問題難易度　★★★

① アリの種類は開通後5年後からの測定しかしていないため，開通直後における
道路脇の外来種の生息有無について考察することはできない。したがって，誤り。

② 図2より，道路脇からの距離が遠い地点には外来種は生息しておらず，在来種
のみが生息しており，外来種よりも在来種が多く生息している。したがって，誤
り。

③ 図2より，いずれの測定場所でもアリの種数は外来種よりも在来種の方が多い
が，個体数については調べておらず，考察することはできない。したがって，誤
り。

④ 道路脇では，道路が開通してから5年後，15年後の外来種が生息している時点
よりも，外来種のいない25年後の方が多い。このことから，道路脇の地点におけ
る在来種の種数は，外来種によって制限されている可能性がある。したがって，
正しい。

⑤ 図2より，道路脇からの距離が20mの地点では，道路の開通後のいずれの時点
でも外来種は生息していないが，道路開通直後から5年の間にこの地点に外来種
が生息していた可能性があり，この地点において外来種が一度も生息できなかっ
たかどうかはわからない。したがって，誤り。

⑥ 図2より，道路脇の地点の在来種の種数は，開通から5年後，15年後では約3
種であるが，25年後には約4種になっている。ここで，問1の解説文で記述した
通り，道路脇からの距離が遠く，開通してからの時間が経過している地点が開通
前の非生物的環境を表していると考えると，開通前の在来種の種数は約2種であ
ることから，開通によって種数が増加した可能性がある。したがって，正しい。

⑦ 今回の道路の敷設が大規模なかく乱である場合，道路の開通によって生態系は
大きく崩れると考えられる。しかし，外来種は時間の経過とともにどの地点でも
生息できなくなり，在来種の種数もどの地点でも大きく変化していないことから，
今回の道路の開通は調査地点に生息するアリにとって生態系の回復が見込めない

ほど大きなかく乱ではなかったと考えられる。したがって，誤り。

B

問3　15　正解は①　問題難易度　★★

① 図3より，ワカサギは1993年を境に漁獲量が激減している。また，図4より，ミジンコもワカサギと同じく1993年を境に現存量が大幅に小さくなっている。これらを合わせて考えると，ワカサギは主にミジンコを捕食しており，この湖においてミジンコの現存量が大幅に小さくなったことでワカサギの個体数も大きく減少し，漁獲量も大幅に減少したと考えると，調査結果を矛盾なく説明できる。したがって，正しい。

② ①と同様に考えると，ウナギは1993年を境に漁獲量が激減していることから，ワカサギと同様に，ウナギも幼魚（シラスウナギ）のときに主にミジンコを，成魚はミジンコを餌にしている小動物を捕食しており，この湖においてミジンコの現存量が大幅に小さくなったことでウナギの個体数も大きく減少し，漁獲量も大幅に減少したと推測できる。一般に，被食者の方が捕食者よりも個体数は多いことから，捕食者であるウナギの個体数は被食者であるミジンコより少ないと考えられる。したがって，誤り。

③ 生態系内で食物網の上位にあり，他の生物の生活に大きな影響を与える種をキーストーン種という。調査1・調査2より，ミジンコの現存量の減少はワカサギやウナギの漁獲量の減少に寄与しているが，ミジンコはこの湖において食物網の上位に位置していないので，キーストーン種とはよべない。したがって，誤り。

④ ミジンコは節足動物であり，二酸化炭素などの無機物から有機物を合成することはできない。したがって，誤り。なお，調査2の文章に記述されている通り，ミジンコは動物プランクトンの一種であり，植物プランクトンを捕食してエネルギーを獲得する一次消費者である。

問4　16　正解は④　問題難易度　★★

ⓓ 調査2より，ミジンコの現存量は1993年を境に大幅に低下している。仮に，この湖にミジンコを主に捕食する外来生物が侵入した場合，ミジンコの個体数は少なくなり，現存量も低下すると推測できる。したがって，正しい。

ⓔ この湖に化学薬品が散布された場合，この化学薬品はミジンコに特異的に作用す

ることから，1993年を境にミジンコの個体数は少なくなり，現存量も低下すると推測できる。したがって，正しい。

ⓕ 　問3（④）の解説文で記述した通り，ミジンコは植物プランクトンを捕食してエネルギーを獲得する。富栄養化が起こった場合，植物プランクトンが大量に発生することから，「ミジンコの餌となる生物が減少した」とは推測できない。したがって，誤り。なお，植物プランクトンが大量に発生すると，底層ではその遺体の分解に大量に酸素が消費され水中の酸素濃度が低下する。この結果，動物が酸欠により大量死する可能性がある。

　以上のことから，ⓓ，ⓔが正しいため，④を選ぶ。

東進 共通テスト実戦問題集 生物基礎

発行日：2023年 8月 4日　初版発行

著者：緒方隼平
発行者：永瀬昭幸
発行所：株式会社ナガセ
　　　　〒180-0003 東京都武蔵野市吉祥寺南町 1-29-2
　　　　出版事業部（東進ブックス）
　　　　TEL：0422-70-7456 ／ FAX：0422-70-7457
　　　　URL：http://www.toshin.com/books/（東進WEB書店）
　　　　※本書を含む東進ブックスの最新情報は東進WEB書店をご覧ください。
編集担当：益田康太郎

制作協力：飯田高明
デザイン・装丁：東進ブックス編集部
図版制作・DTP：株式会社加藤文明社印刷所
印刷・製本：シナノ印刷株式会社

合格の秘訣① 全国屈指の実力講師陣

東進の実力講師陣
数多くのベストセラー参考書を執筆!!

東進ハイスクール・
東進衛星予備校では、
そうそうたる講師陣が君を熱く指導する!

　本気で実力をつけたいと思うなら、やはり根本から理解させてくれる一流講師の授業を受けることが大切です。東進の講師は、日本全国から選りすぐられた大学受験のプロフェッショナル。何万人もの受験生を志望校合格へ導いてきたエキスパート達です。

英語

本物の英語力をとことん楽しく!日本の英語教育をリードするMr.4Skills.

安河内 哲也先生
[英語]

100万人を魅了した予備校界のカリスマ。抱腹絶倒の名講義を見逃すな!

今井 宏先生
[英語]

爆笑と感動の世界へようこそ。「スーパー速読法」で難解な長文も速読即解!

渡辺 勝彦先生
[英語]

雑誌『TIME』やベストセラーの翻訳も手掛け、英語界でその名を馳せる実力講師。

宮崎 尊先生
[英語]

いつのまにか英語を得意科目にしてしまう、情熱あふれる絶品授業!

大岩 秀樹先生
[英語]

全世界の上位5%(PassA)に輝く、世界基準のスーパー実力講師!

武藤 一也先生
[英語]

関西の実力講師が、全国の東進生に「わかる」感動を伝授。

慎 一之先生
[英語]

数学

数学を本質から理解し、あらゆる問題に対応できる力を与える珠玉の名講義!

志田 晶先生
[数学]

論理力と思考力を鍛え、問題解決力を養成。多数の東大合格者を輩出!

青木 純二先生
[数学]

「ワカル」を「デキル」に変える新しい数学は、君の思考力を刺激し、数学のイメージを覆す!

松田 聡平先生
[数学]

予備校界を代表する講師による魔法のような感動講義を東進で!

河合 正人先生
[数学]

付録 **1**

国語

「脱・字面読み」トレーニングで、「読む力」を根本から改革する！

興水 淳一先生
[現代文]

明快な構造板書と豊富な具体例で必ず君を納得させる！「本物」を伝える現代文の新鋭。

西原 剛先生
[現代文]

東大・難関大志望者から絶大なる信頼を得る本質の指導を追究。

栗原 隆先生
[古文]

ビジュアル解説で古文を簡単明快に解き明かす実力講師。

富井 健二先生
[古文]

縦横無尽な知識に裏打ちされた立体的な授業に、グングン引き込まれる！

三羽 邦美先生
[古文・漢文]

幅広い教養と明解な具体例を駆使した緩急自在の講義。漢文が身近になる！

寺師 貴憲先生
[漢文]

文章で自分を表現できれば、受験も人生も成功できますよ。「笑顔と努力」で合格を！

石関 直子先生
[小論文]

理科

正しい道具の使い方で、難問が驚くほどシンプルに見えてくる！

宮内 舞子先生
[物理]

化学現象を疑い化学全体を見通す"伝説の講義"は東大理三合格者も絶賛。

鎌田 真彰先生
[化学]

「なぜ」をとことん追究し「規則性」「法則性」が見えてくる大人気の授業！

立脇 香奈先生
[化学]

「いきもの」をこよなく愛する心が君の探究心を引き出す！生物の達人。

飯田 高明先生
[生物]

地歴公民

歴史の本質に迫る授業と、入試頻出の「表解板書」で圧倒的な信頼を得る！

金谷 俊一郎先生
[日本史]

つねに生徒と同じ目線に立って、入試問題に対する的確な思考法を教えてくれる。

井之上 勇先生
[日本史]

"受験世界史に荒巻あり"と言われる超実力人気講師！世界史の醍醐味を。

荒巻 豊志先生
[世界史]

世界史を「暗記」科目だなんて言わせない。正しく理解すれば必ず伸びることを一緒に体感しよう。

加藤 和樹先生
[世界史]

どんな複雑な歴史も難問も、シンプルな解説で本質から徹底理解できる。

清水 裕子先生
[世界史]

わかりやすい図解と統計の説明に定評。

山岡 信幸先生
[地理]

政治と経済のメカニズムを論理的に解明しながら、入試頻出ポイントを明確に示す。

清水 雅博先生
[公民]

「今」を知ることは「未来」の扉を開くこと。受験に留まらず、目標を高く、そして強く持て！

執行 康弘先生
[公民]

学習システム

映像によるIT授業を駆使した最先端の勉強法
高速学習

一人ひとりの レベル・目標にぴったりの授業

東進はすべての授業を映像化しています。その数およそ1万種類。これらの授業を個別に受講できるので、一人ひとりのレベル・目標に合った学習が可能です。1.5倍速受講ができるほか自宅からも受講できるので、今までにない効率的な学習が実現します。

現役合格者の声

東京大学 文科一類
早坂 美玖さん
東京都 私立 女子学院高校卒

私は基礎に不安があり、自分に合ったレベルから対策ができる東進を選びました。東進では、担任の先生との面談が頻繁にあり、その都度、学習計画について相談できるので、目標が立てやすかったです。

1年分の授業を 最短2週間から1カ月で受講

従来の予備校は、毎週1回の授業。一方、東進の高速学習なら毎日受講することができます。だから、1年分の授業も最短2週間から1カ月程度で修了可能。先取り学習や苦手科目の克服、勉強と部活との両立も実現できます。

先取りカリキュラム

	高1	高2	高3
東進の学習方法	高1生の学習 ➡	高2生の学習 ➡	高3生の学習 ➡ 受験勉強
	高2のうちに受験全範囲を修了する		
従来の学習方法(公立高校の場合)	高1生の学習 ➡	高2生の学習 ➡	高3生の学習

目標まで一歩ずつ確実に
スモールステップ・パーフェクトマスター

自分にぴったりのレベルから学べる 習ったことを確実に身につける

高校入門から最難関大までの12段階から自分に合ったレベルを選ぶことが可能です。「簡単すぎる」「難しすぎる」といったことがなく、志望校へ最短距離で進みます。

授業後すぐに確認テストを行い内容が身についたかを確認し、合格したら次の授業に進むので、わからない部分を残すことはありません。短期集中で徹底理解をくり返し、学力を高めます。

現役合格者の声

東北大学 工学部
関 響希くん
千葉県立 船橋高校卒

受験勉強において一番大切なことは、基礎を大切にすることだと学びました。「確認テスト」や「講座修了判定テスト」といった東進のシステムは基礎を定着させるうえでとても役立ちました。

パーフェクトマスターのしくみ

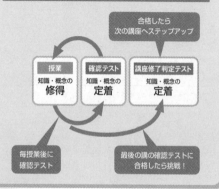

徹底的に学力の土台を固める

高速マスター 基礎力養成講座

高速マスター基礎力養成講座は「知識」と「トレーニング」の両面から、効率的に短期間で基礎学力を徹底的に身につけるための講座です。英単語をはじめとして、数学や国語の基礎項目も効率よく学習できます。オンラインで利用できるため、校舎だけでなく、スマートフォンアプリで学習することも可能です。

現役合格者の声

早稲田大学 基幹理工学部
曽根原 和奏さん
東京都立 立川国際中等教育学校卒

演劇部の部長と両立させながら受験勉強をスタートさせました。「高速マスター基礎力養成講座」はおススメです。特に英単語は、高3になる春までに完成させたことで、その後の英語力の自信になりました。

東進公式スマートフォンアプリ スマートフォンアプリでスキマ時間も徹底活用！

東進式マスター登場！
（英単語／英熟語／英文法／基本例文）

1）スモールステップ・パーフェクトマスター！
頻出度（重要度）の高い英単語から始め、1つのSTAGE（計100語）を完全修得すると次のSTAGEに進めるようになります。

2）自分の英単語力が一目でわかる！
トップ画面に「修得語数・修得率」をメーター表示。自分が今何語修得しているのか、どこを優先的に学習すべきなのか一目でわかります。

3）「覚えていない単語」だけを集中攻略できる！
未修得の単語、または「My単語（自分でチェック登録した単語）」だけをテストする出題設定が可能です。
すでに覚えている単語を何度も学習するような無駄を省き、効率良く単語力を高めることができます。

- **共通テスト対応 英単語1800**
- **共通テスト対応 英熟語750**
- **英文法 750**
- **英語基本 例文300**

「共通テスト対応英単語1800」2023年共通テストカバー率99.8%！

君の合格力を徹底的に高める

志望校対策

第一志望校突破のために、志望校対策にどこよりもこだわり、合格力を徹底的に極める質・量ともに抜群の学習システムを提供します。従来からの「過去問演習講座」に加え、AIを活用した「志望校別単元ジャンル演習講座」、「第一志望対策演習講座」で合格力を飛躍的に高めます。東進が持つ大学受験に関するビッグデータをもとに、個別対応の演習プログラムを実現しました。限られた時間の中で、君の得点力を最大化します。

現役合格者の声

京都大学 法学部
山田 悠雅くん
神奈川県 私立 浅野高校卒

「過去問演習講座」には解説授業や添削指導があるので、とても復習がしやすかったです。「志望校別単元ジャンル演習講座」では、志望校の類似問題をたくさん演習できるので、これで力がついたと感じています。

大学受験に必須の演習

過去問演習講座

1. 最大10年分の徹底演習
2. 厳正な採点、添削指導
3. 5日以内のスピード返却
4. 再添削指導で着実に得点力強化
5. 実力講師陣による解説授業

東進×AIでかつてない志望校対策

志望校別単元ジャンル演習講座

過去問演習講座の実施状況や、東進模試の結果など、東進で活用したすべての学習履歴をAIが総合的に分析。学習の優先順位をつけ、志望校別に「必勝必達演習セット」として十分な演習問題を提供します。問題は東進が分析した、大学入試問題の膨大なデータベースから提供されます。苦手を克服し、一人ひとりに適切な志望校対策を実現する日本初の学習システムです。

志望校合格に向けた最後の切り札

第一志望校対策演習講座

第一志望校の総合演習に特化し、大学が求める解答力を身につけていきます。対応大学は校舎にお問い合わせください。

合格の秘訣3 東進模試

申込受付中
※お問い合わせ先は付録7ページをご覧ください。

学力を伸ばす模試

本番を想定した「厳正実施」
統一実施日の「厳正実施」で、実際の入試と同じレベル・形式・試験範囲の「本番レベル」模試。
相対評価に加え、絶対評価で学力の伸びを具体的な点数で把握できます。

12大学のべ42回の「大学別模試」の実施
予備校界随一のラインアップで志望校に特化した"学力の精密検査"として活用できます(同日・直近日体験受験を含む)。

単元・ジャンル別の学力分析
対策すべき単元・ジャンルを一覧で明示。学習の優先順位がつけられます。

最短中5日で成績表返却　WEBでは最短中3日で成績を確認できます。※マーク型の模試のみ

合格指導解説授業　模試受験後に合格指導解説授業を実施。重要ポイントが手に取るようにわかります。

2023年度
東進模試 ラインアップ

共通テスト対策
- 共通テスト本番レベル模試 〈全学年統一部門〉 全4回
- 全国統一高校生テスト 〈高2生部門〉〈高1生部門〉 全2回

同日体験受験
- 共通テスト同日体験受験 全1回

記述・難関大対策
- 早慶上理・難関国公立大模試 全5回
- 全国有名国公私大模試 全5回
- 医学部82大学判定テスト 全2回

基礎学力チェック
- 高校レベル記述模試〈高2〉〈高1〉 全2回
- 大学合格基礎力判定テスト 全4回
- 全国統一中学生テスト 〈全学年統一部門〉〈中2生部門〉〈中1生部門〉 全2回
- 中学学力判定テスト〈中2生〉〈中1生〉 全4回

※ 2023年度に実施予定の模試は、今後の状況により変更する場合があります。
最新の情報はホームページでご確認ください。

大学別対策
- 東大本番レベル模試 全4回
- 高2東大本番レベル模試 全4回
- 京大本番レベル模試 全4回
- 北大本番レベル模試 全2回
- 東北大本番レベル模試 全2回
- 名大本番レベル模試 全3回
- 阪大本番レベル模試 全3回
- 九大本番レベル模試 全3回
- 東工大本番レベル模試 全2回
- 一橋大本番レベル模試 全2回
- 神戸大本番レベル模試 全2回
- 千葉大本番レベル模試 全1回
- 広島大本番レベル模試 全1回

同日体験受験
- 東大入試同日体験受験 全1回
- 東北大入試同日体験受験 全1回
- 名大入試同日体験受験 全1回

直近日体験受験 各1回
- 京大入試 直近日体験受験
- 北大入試 直近日体験受験
- 阪大入試 直近日体験受験
- 九大入試 直近日体験受験
- 東工大入試 直近日体験受験
- 一橋大入試 直近日体験受験

2023年 東進現役合格実績
難関大グループ 現役合格 史上最高続出！

東大 現役合格 実績日本一 ※1 5年連続800名超！

現役生のみ！講習生を含みます！

※1 2022年の東大現役合格実績を公表している予備校の中で東進の853名が最大（2022年JDnet調べ）。

東大845名

文科一類 121名		理科一類 311名	
文科二類 111名		理科二類 126名	
文科三類 107名		理科三類 38名	
		学校推薦 31名	

現役合格者の36.9%が東進生！

東京大学 現役合格おめでとう!!

※撮影時のみマスクを外しています。

東進生現役占有率 845／2,284 **36.9%**

全現役合格者（前期＋推薦）に占める東進生の割合
2023年の東大全体の現役合格者は2,284名。東進の現役合格者は845名。東進生の占有率は36.9%。現役合格者の2.8人に1人が東進生です。

学校推薦型選抜も東進！

推薦入試の東進現役合格者現役占有率

東大31名 36.4%

現役推薦合格者の36.4%が東進生！

法学部 5名		薬学部 1名
経済学部 3名		医学部医学科の75.0%が東進生！
文学部 1名		
教養学部 2名		医学部医学科 3名
工学部 10名		
理学部 2名		健康総合科学科 1名
農学部 2名		

医学部も東進 日本一 ※2 の実績を更新!!

※2 2022年の国公立大・医学部現役合格実績を公表している予備校の中で東進の1,032名が最大（2022年JDnet調べ）。

国公立医・医 1,064名 昨対+32名

1,064名 史上最高！ 987名 1,032名

現役生のみ！講習生を含みます！

2023年の国公立大学部医学科全体の現役合格者は未公表のため、仮に昨年の現役合格者数（推定）を分母として東進生占有率を算出すると、東進生の占有率は29.4%。現役合格者の3.4人に1人が東進生です。

東進生現役占有率 **29.4%**

'21 '22 '23

早慶 5,741名 昨対+63名

5,741名 史上最高！ 現役生のみ！講習生を含みます！

早稲田大 3,523名　慶應義塾大 2,218名

'21 '22 '23

上理4,687名 昨対+394名

4,687名 史上最高！ 現役生のみ！

上智大 1,739名
東京理科大 2,948名

'21 '22 '23

明青立法中 17,520名 昨対+492名

17,520名 史上最高！ 現役生のみ！

明治大 5,294名　中央大 2,905名
青山学院大 2,216名
立教大 2,912名
法政大 4,193名

'21 '22 '23

関関同立 13,655名 昨対+1,022名

13,655名 史上最高！ 現役生のみ！

関西学院大 2,861名
関西大 2,918名
同志社大 3,178名
立命館大 4,698名

'21 '22 '23

私立医・医 727名 昨対+101名

727名 史上最高！ 現役生のみ！

'21 '22 '23

日東駒専 10,945名 史上最高！ 昨対+934名

国公立大 17,154名 史上最高！ 昨対+652名

17,154名 史上最高！ 現役生のみ！

'21 '22 '23

産近甲龍 6,217名 史上最高！ 昨対+132名

旧七帝大 ＋東工大・一橋大・神戸大

4,703名 昨対+91名

4,703名 史上最高！ 現役生のみ！講習生を含みます！

東京大	845名
京都大	617名
北海道大	468名
東北大	417名
名古屋大	436名
大阪大	617名
九州大	507名
東京工業大	198名
一橋大	195名
神戸大	548名

4,366 4,612 4,703

'21 '22 '23

国公立 総合・学校推薦型選抜も東進！

国公立大・医 318名 昨対+16名	旧七帝大 ＋東工大・一橋大・神戸大 446名 昨対+31名

318名 史上最高！ 現役生のみ！

446名 史上最高！ 現役生のみ！

東京大	31名
京都大	16名
北海道大	13名
東北大	120名
名古屋大	92名
大阪大	59名
九州大	41名
東京工業大	25名
一橋大	7名
神戸大	42名

302 358 446

'21 '22 '23

ウェブサイトでもっと詳しく

東進　検索

2023年3月31日締切

各大学の合格実績は、東進ネットワーク（東進ハイスクール、東進衛星予備校、早稲田塾）の現役生のみ、高3在籍者のみの合同実績です。一人で複数合格した場合は、それぞれの合格者数に計上しています。

※2023年4月現在